Crianza de cerdos saludables

por

Dr. D. E. Goodn.
Turbeville, Carolina del Sur

Christian Veterinary Mission

Una publicación de Christian Veterinary Mission

Se encuentra información actualizada sobre libros en:
www.cvm.org

Esta es la cuarta edición revisada. Nosotros planificamos hacer revisiones adicionales en el futuro. Si usted tiene ideas o sugerencias de cómo este libro puede ser mejorado para suplir mejor las necesidades de la gente a su alrededor, por favor escriba a los autores:

Correo electrónico: info@cvm.org
Página de Web: www.cvm.org

Edición original 1984
Edición revisada 1988
Tercera edición revisada 1994

La Serie de Criar Animales Sanos

Cada año, miles de personas alrededor del mundo luchan para sobre vivir y no cuentan con los conocimientos, destrezas y recursos adecuados para cuidar a sus animales. La Misión Veterinaria Cristina (CVM) envía profesionales veterinarios a vivir y trabajar al lado de muchas de estas personas para motivarles y proveerles no sólo con conocimientos veterinarios necesarios, sino también a compartir que la esperanza se encuentra solo en Cristo. Los veterinarios del CVM construyen relaciones a largo plazo con individuos y comunidades, ayudándoles a ser transformado por medio del amor de Cristo.

CVM, por medio de su esfuerzo de involucrarse de una manera impactante en el trabajo en países en vías de desarrollo, se dio cuenta que había muy poco material educativo apropiado disponible. Por lo tanto, el CVM se ha dedicado a desarrollar materiales básicos en el manejo animal para productores y técnicos agropecuarios. Aparentemente, este esfuerzo llenó una necesidad sentida, dado que sus libros han sido aceptados en muchas naciones en vías de desarrollo alrededor del mundo.

La serie de libros publicado por la Misión Veterinaria Cristiana incluye los siguientes en el orden de su publicación:

La Crianza de Cerdos Sanos *
La Crianza de Conejos Sanos *
La Crianza de Peces Sanos
La Crianza de Vacunos Sanos
La Crianza de Aves Sanos * +
La Crianza de Cabras Sanos *
La Crianza de Ovejas Sanos

Medicamentos y Su Uso
Donde No Hay Doctor Para Animales
La Crianza de Caballos Sanos
Zoonosis: Enfermedades Animales Que Afectan Humanos
La Crianza de Abejas Sanas
El Sacrificio y Preservación de Carne
La Prevención de Enfermedades y Parásitos en Animales de Granja

[También Disponible en: * Español + Francés

Los trabajadores del CVM han desarrollado también materiales didácticos específicos para apoyar a la capacitación en los países donde ellos trabajan.

Todos estos libros han sido preparados por hombres y mujeres cristianas; en una labor de amor y servicio hacia las personas necesitadas alrededor del mundo. Demuestran su dedicación a su profesión, al servicio de la humanidad y además como un testimonio de su fe. Esperamos que estos libros sean de utilidad para usted en el desafío de armar programas de desarrollo pecuario adecuados a las necesidades locales. Pedimos a Dios que bendiga estos materiales en su utilización.

Leroy Dorminy
CVM Founder

Dedicación

A la memoria de mis padres: Carlyle W. Goodman, Sr y Neva Juleah Green Goodman del Condado de Sumter, Carolina del Sur, EE.UU., quienes por su ejemplo, inspiraron a muchos a involucrarse en servir al prójimo.

A mi familia: mi esposa, Nancy Claire Goodman; mis hijas: Claire Frances Goodman Watts y Rebecca Sloan Goodman y mi hijo, David Earle Goodman, Jr. Sin su comprensión y apoyo, esta edición y las anteriores de este libro publicadas por Christian Veterinary Mission (CVM) no hubieran sido posible. Esto se aplica también a otros ministerios en los que me he involucrado.

Muchas gracias a éstos y otros que han apoyado generosamente esta importante obra de CVM.

Introducción

La cría de cerdos se realiza en casi todas las regiones habitadas del mundo, con excepción de las zonas árticas y subárticas y algunos climas desérticos extremos. Se adaptan a una amplia variedad de climas y sistemas de producción —desde los muy primitivos hasta los altamente sofisticados.

Los cerdos pueden prosperar con una variedad de alimentos, lo que los convierte en una fuente deseable de proteínas y grasa para cocinar. Pueden ayudar a limpiar tierras, incluyendo las despejadas por incendios, al comer raíces, semillas, vegetación y brotes de árboles jóvenes. Su estiércol es fuente de fertilizantes.

Con excepción de regiones con tabúes religiosos o culturales contra comer carne de cerdo, esta es una fuente deseable de alimentación. Es muy nutritiva y se puede comer sin peligro cuando se siguen algunas prácticas básicas de salubridad y cocción que se explican en este libro.

Los cerdos requieren terrenos relativamente pequeños. Su sistema reproductivo excepcional permite el establecimiento de un pequeño hato en poco tiempo, a un costo mínimo. Una sola hembra preñada, cuidada adecuadamente, puede pronto suplir alimento y entradas para una familia entera.

Ojalá que este libro lo capacite para ayudar a personas en su región a que lo logren.

ANTECEDENTES
Notas sobre este libro

Este libro fue preparado por Christian Veterinary Mission (Misión cristiana veterinaria) como una ayuda a los que trabajan en lugares donde tal información es limitada. Ojalá que aporte a sus esfuerzos por mejorar el estándar de vida en su área enseñando a dueños de ganados cómo criar cerdos más sanos y eficientes.

Este libro es el primero de una serie. Fue publicado originalmente en 1984 y revisado en 1988, ha sido bien recibido y es usado en muchas regiones del mundo. En la actualidad contamos con libros similares sobre ganado vacuno, aves de corral, cabras, conejos y peces. Se están desarrollando otros sobre vacas lecheras, caballos, ovejas, prácticas de carneadas y uso de drogas y vacunas básicas para animales de granja.*

Este libro ha sido escrito en un estilo conversacional con la intención de presentar amplios antecedentes y conocimientos de manejo del ganado porcino. Contiene un mínimo de datos difíciles y tablas, pero muchos dibujos. La información en este libro, adaptada a las condiciones locales con una actitud de sentido común en cuanto a resolución de problemas, será de valor para su área y situación particular.

Animamos a los lectores a hacernos llegar sus comentarios y sugerencias que podrían mejorar futuras ediciones. En respuesta a sugerencias, hemos agregado secciones sobre tratamientos básicos, sujeción y manejo y un sistema básico de confinamiento para granjas pequeñas. Esta edición incluye recomendaciones adicionales sobre prevención y control de enfermedades y más información sobre enfermedades específicas.

La falta de espacio no permite tratar todos los temas a profundidad, por lo tanto se incluye al final del libro una sección sobre cómo consultar por correo con respecto a problemas especiales. Es usada con frecuencia por los lectores e instamos su uso.

Esperamos que encuentre usted útil este material. Sus comentarios, sugerencias y preguntas serán bienvenidos y apreciados.

Tabla De Contenido

Sección I

Un ambiente sano

AMBIENTE PARTE I

Condiciones del hábitat

Ambiente (Condiciones del hábitat)

Una importante consideración en la cría de cerdos es protegerlos de condiciones climáticas adversas. Aunque se han adaptado a una gran variedad de climas, siguen necesitando protección del calor y del frío extremos.

Los cerdos sufren más del calor que cualquier otro tipo de ganado. No cuentan con glándulas de sudor en su piel. Estas proporcionan un sistema natural de enfriamiento para otros animales que pueden sudar y refrescarse por la evaporación de esta humedad en la piel. La capa más gruesa de gordura debajo de la piel tiende a retener el calor del cuerpo. Por estas razones, es necesario que brindemos protección del calor o dejemos que los cerdos usen sus instintos naturales para mantenerse frescos.

Protegerlos del calor extremo puede ser tan importante como protegerlos del frío extremo. Estar expuestos a fuertes rayos solares o estar en edificios mal ventilados por mucho tiempo puede provocar que los cerdos se calienten demasiado. Esto puede causar problemas respiratorios (resfríos y pulmonía) y reproductivos (cría). Estar expuestos al frío extremo, sin protección del viento, lluvia y nieve con frecuencia lleva a problemas respiratorios graves en todas las edades, al igual que a un crecimiento más lento y problemas reproductivos.

Por lo general, una temperatura entre los 10-27° C es la mejor para los adultos. Los recién nacidos tienen una reacción reguladora de temperatura escasamente desarrollada y necesitan más calor que los adultos (alrededor de 27-32° C durante las primeras tres o cuatro semanas). Estas son sólo pautas generales. Los cerdos originarios de la región con el tiempo se adaptan muy bien a condiciones climáticas extremas.

Las hembras, con sus grandes instintos maternales, tienen una notable habilidad para proteger a sus crías de temperaturas extremas por medio de tener sus camadas en áreas protegidas y hacer su cama de vegetación seca. Aprovechando sus instintos naturales y su habilidad de adaptarse, más algunas sugerencias prácticas de manejo, pueden criarse cerdos sanos en casi cualquier parte donde viven los humanos. Los cerdos sobreviven condiciones climáticas extremas sin refugio; no obstante, muchas veces su salud se ve afectada resultando en atrofias o raquitismo, reproducción escasa y animales débiles.

En áreas donde la temperatura frecuentemente baja a menos de cero, o hay viento y lluvia helada, se necesitará algún tipo de refugio temporario (movible) o permanente. Como mínimo se necesita un techo y tres paredes para proteger contra el viento y la lluvia. El lado abierto debe dar de frente al sol para recibir calor.

En áreas tropicales o subtropicales, donde las temperaturas con frecuencia son superiores a los 27° C se necesita algún tipo de sombra natural (copa de los árboles) o refugios permanentes o temporarios (movibles). Muchas veces lo único que se necesita son refugios con techos de paja, madera o bambú y con los costados abiertos. Si no se cuenta con sombra natural, se pueden usar techos de zinc u otro metal, pero éstos son más calientes que los otros. El armazón puede construirse de maderas sobrantes, bambú o postes cortados localmente de madera menos propensa a la descomposición y a los insectos.

En pasturas o chiqueros de tierra, las hembras y los machos necesitan un refugio unos 2 metros cuadrados, construido con el techo inclinado y de aproximadamente 1,5 m. de altura. Las cerdas con cría necesitan el doble de área protegida. Los animales de crecimiento —engorde en pasturas o chiqueros de tierra necesitan un metro cuadrado de área protegida.

El refugio temporario (movible) es preferible a las estructuras permanentes. Pueden ser trasladados para prevenir el amontonamiento de suciedad que produce problemas de salubridad y conduce a problemas de enfermedades y parásitos. Por esta razón, se debe brindar a los cerdos sombra y agua fresca; de lo contrario, deben ser cambiados de lugar con frecuencia.

Se pueden usar telas de lona o plástico sobre un armazón provisorio en casos de emergencia, como ser: proteger a una cerda con su cría recién nacida.

Los cerdos deben pacer en terreno con buen drenaje, con algo de árboles como protección del viento y el sol. Los chiqueros de barro y las áreas bajas y húmedas pronto se vuelven insalubres. Pueden ser el origen de problemas de enfermedades y parásitos. Por esta razón, se le debe dar sombra y agua fresca a los cerdos, si no, deben ser cambiados de lugar con frecuencia.

Un área donde los animales pueden escapar del calor extremo revolcándose en agua poca profunda o en barro es un método natural de mantener frescos a los animales. No obstante, debe ser usado como último recurso y únicamente si otros métodos no son posibles porque la insalubridad produce enfermedades y problemas de parásitos.

Los arroyos pueden llevar gérmenes que causan enfermedades de granjas vecinas. Esta es otra razón por la cual es buena idea evitar que los cerdos estén en estas áreas y darles agua potable y fresca.

Es casi una necesidad rotar el lugar de pastura y cobertizo. Esto se hace cambiando a los cerdos a un área que no se usa con frecuencia, dejando que la otra área descanse. Esto ayuda mucho a criar cerdos sanos, libres de enfermedades y parásitos. **Los cobertizos y pasturas pueden volver a usarse 6-12 meses después.**

Si se cuenta con muy poco terreno o se están criando muchos animales, posiblemente se necesite tener para ellos un lugar permanente con piso. Los problemas de salubridad por el amontonamiento de estiércol y suciedad sin sistemas de limpieza de excrementos, por lo general conduce a serios problemas de salud. Deben construirse porquerizas permanentes sólo como último recurso. Los refugios temporarios para uno o dos adultos o varios animales pequeños (una camada) pueden ser trasladados por unas pocas personas o ser construidos sobre cargadores de postes y jalados a un área limpia.

Los cerdos pueden ser criados satisfactoriamente en pocas hectáreas si se usa un sector pequeño a la vez, y si se cambian de lugar a los animales con frecuencia. Es casi seguro que cobertizos, pasturas y terrenos al aire libre usados continuamente por apenas dos años, desarrollarán problemas de salud por enfermedades o parásitos, y no deben ser usados nuevamente para cerdos antes de los 6-12 meses.

Se dan más detalles sobre porquerizas en la sección sobre edificios y equipos. Al final del libro se explica un sistema básico de confinamiento.

Es muy posible que en su zona haya alguien que tenga mucha experiencia y ha podido criar cerdos con éxito. La observación cuidadosa de sus métodos puede darle pautas que usted puede pasar a otros. Debe ponerse en contacto con cualquier especialista en ganado en su zona para obtener su ayuda (empleados del estado u otros).

En suma, las condiciones ideales del hábitat de los cerdos son: un terreno alto, bien drenado, con animales trasladados frecuentemente a terrenos no usados y donde cuentan con protección natural o artificial de condiciones climáticas extremas.

Nota Especial 1: En algunas zonas hay vampiros que muerden a los animales, causando infecciones y rabia. Si son un problema en su zona, los animales deben ser protegidos de noche. Un espacio entablado o circundado por tela metálica o con alguna fuente de luz, como ser velas, lámparas, etc. por lo general previenen el problema. En dichas zonas, los cerdos se sueltan de día y se protegen de noche.

Nota Especial 2: Las cerdas deben tener sus crías en el suelo más limpio (menos usado o que los cerdos no han usado por mucho tiempo). La cría recién nacida es muy susceptible a las enfermedades. Las infecciones y los parásitos hacen sus mayores estragos entre los lechones menores de 8-10 semanas de edad.

Hay más detalles en capítulos posteriores

Nota Especial 3: Otra consideración importante: los cerdos no deben entrar en contacto con excrementos humanos y caninos. Esto es para prevenir la propagación de ciertos parásitos y enfermedades que pueden ser un verdadero problema. Esto es tratado en más detalle en la sección sobre parásitos.

AMBIENTE PARTE II
Tipo de confinamiento

La gran decisión:
Alambrar, atar, dejar sueltos o tenerlos en edificios

La gran decisión — Alambrar, atar, dejar sueltos o tenerlos en edificios

1. Totalmente primitivo: los cerdos andan sueltos.
2. Atar.
3. Porqueriza o terreno con alambrado y cobertizos.
4. Edificios.
5. Combinación de los mencionados.

Alambrar, atar, dejar sueltos o tenerlos en edificios

Una de las decisiones más difíciles en la producción porcina es decidir qué tipo o combinación de instalaciones usar. Cada una tiene sus ventajas y desventajas.

Lo más importante a considerar incluye la experiencia del granjero en la cría de cerdos, el tamaño de la granja, método de alimentación y otros.

1. Primitivo: los animales andan sueltos, no hay edificios ni alambrados y sólo algunos pequeños cobertizos.

Ventajas

— ningún costo de edificios y alambrados.

— menos gasto de alimento, los animales buscan por sí mismos pequeñas cantidades de otros alimentos.

— se necesita menos experiencia en la cría de cerdos.

— se requiere menos tiempo para el cuidado de los animales.

Desventajas

— los animales salvajes pueden lastimar a los cerdos, especialmente los recién nacidos.

— no se puede ayudar en casos de problemas de parto y de enfermedades. Las hembras en tiempo de tener cría y los animales enfermos muchas veces son difícil de encontrar.

— los animales pueden alejarse y entrar en contacto con otros cerdos y contagiarse alguna enfermedad.

— pueden dañar los cultivos.

— pueden entrar en contacto con excrementos humanos o caninos y desarrollar problemas de parásitos. Estos sería práctico únicamente en áreas aisladas lejos de otras granjas. No obstante, podría hacerse en épocas en que no hay cultivos y confinando a los animales durante las épocas de cultivo.

2. Atar: se atan los animales para controlar su movimiento.

Ventajas

— menos costoso que alambrados y se controla el movimiento de los animales.

— no dañan los cultivos.

— ningún contacto con excrementos humanos.
— ningún contacto con otros cerdos y menos expuestos a enfermedades.
— mantiene a los cerdos fuera de lugares bajos húmedos donde los parásitos y enfermedades constituyen un problema.

Desventajas

— lleva tiempo entrenar a los cerdos a estar atados. Comience con los animales más jóvenes.
— se necesita mucho tiempo. Por lo general los animales son trasladados a lugares de pastar durante el día y son traídos cerca de la familia en la noche. En días de calor pueden pastar únicamente temprano en la mañana y al caer la tarde.

Descripción del arnés con soga: Es básicamente un arnés que va sobre los hombros, similar al arnés para perros. Puede ser confeccionado de tiras de cuero o cinta de cáñamo o de mecate. Tiene que ser lo suficientemente largo como para poner una tira alrededor del cuerpo detrás de las patas delanteras, y la otra alrededor del cuello delante de las patas delanteras, con trozos cortos que conectan a las dos en los costados. Coloque el arnés sobre el cuello del cerdo, crúcelo debajo del pecho y envuélvalo alrededor del cuerpo. Fije la soga (o cadena) al arnés debajo del pecho y átela a un árbol, poste o estaca en el suelo. Tiene que ser ajustable para los cerdos a medida que van creciendo. Pueden necesitarse de varios tamaños.

Arnés simple para el cuello: A veces se usa un arnés simple en el cuello. Se confecciona del mismo material y consiste de una tira fija alrededor del cuello, de manera que no se pueda apretar y estrangular al animal. Luego se ata a una cadena o soga. Con este tipo de arnés para el cuello, debe entrenarse a los cerdos desde una edad muy temprana para que se acostumbren a él. En la mayoría de las situaciones primitivas, este tipo de arnés puede ser más práctico que el que se muestra en la ilustración.

3. Cobertizo o pastura con alambrado y cercos que dan sombra.

A. Los alambrados de alambre tejido son muy buenos, pero resultan demasiado caros para la mayoría de las granjas primitivas. Es difícil de trasladar, por lo que los cobertizos y pasturas quizá se usen demasiado tiempo desarrollando parásitos (gusanos) y gérmenes que causan enfermedades.

B. Los cercos de madera duran menos que los de metal, pero debido a que se pueden trasladar con más facilidad, su uso puede llevar a prácticas más salubres.

C. El alambre de púa no es aceptable para los cerdos.

D. Alambrado eléctrico — se usa en algunas áreas con mucha eficacia, especialmente para pastoreo temporario, tener cría y otras situaciones. Sus limitaciones son: la necesidad de una fuente de electricidad y el hecho que no encierra muy bien a los cerdos pequeños. Hay unidades a batería y que se cargan por energía solar pero son muy caras.

E. Cerco vivo — algunos granjeros usan un cerco vivo, de denso cactus espinoso llamado "Kandelab". Se pueden usar otros tipos de cactus y arbustos espinosos para mantener adentro a los cerdos pequeños.

Ventajas

— controlan el desplazamiento de los animales.
— son una ayuda en el tiempo de cría y cuando están enfermos.
— se necesita un mínimo de experiencia en la cría de cerdos.

Desventajas

— costo del alambrado y cobertizo, si tienen que comprarse los materiales.
— desarrollo de gérmenes que causan enfermedades y parásitos a menos que se trasladen con frecuencia.

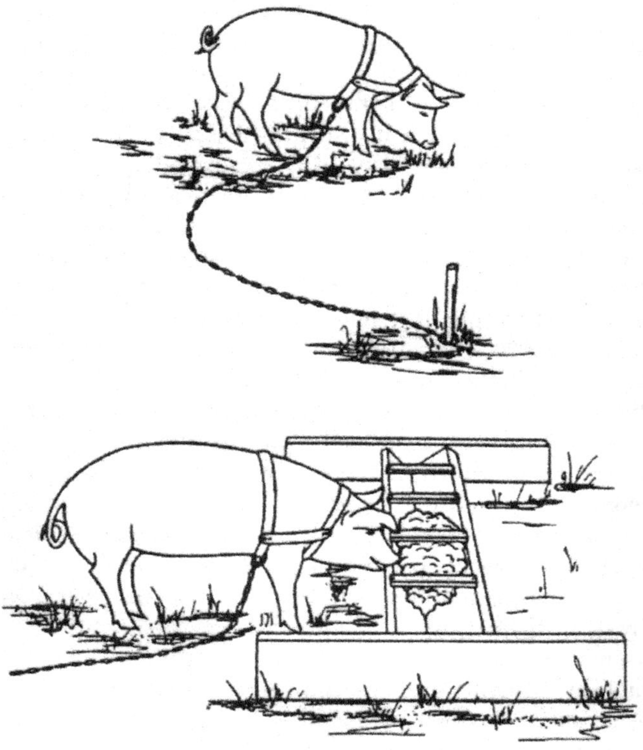

"Dibujos del uso del arnés para atar a los cerdos" De: USDA Leaflet 537

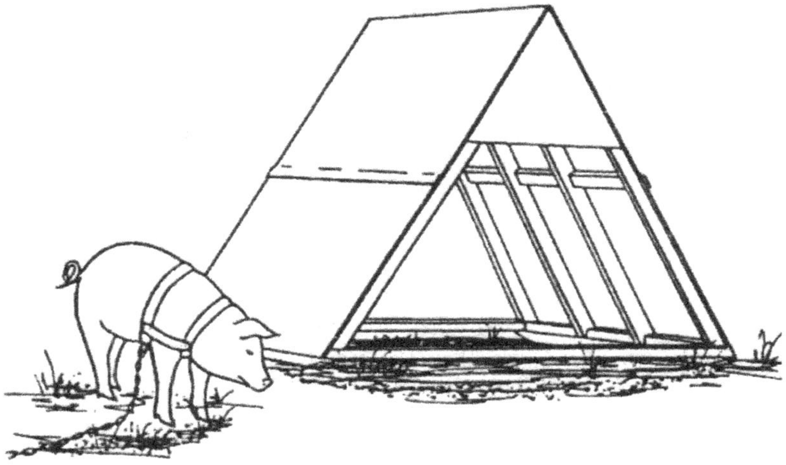

"Dibujo de un cerdo con arnés y cobertizo movible
con armazón en forma de A"

De: USDA Leaflet 537

Resumen:

El sistema más práctico para granjas primitivas es una combinación de atar los cerdos y dejar que anden sueltos.

Ejemplo: — Atados en la época de cría y en la temporada de cultivos.

— Sueltos en las temporadas cuando no hay cultivos.

— En mucho casos esta es probablemente la mejor combinación.

Ejemplo: — Cobertizo o terreno cerrado durante la época de cría y en la temporada de cultivos.

— Sueltos durante las temporadas cuando no hay cultivos.

— (Esta sería otra combinación.)

Ejemplo: — Cobertizo amplio o pastura la mayor parte del día, noche.

— Atar a los animales para otro pastoreo durante parte del día.

Ejemplo: — Cobertizo-pastura durante la época de parto y de lactancia.

— Atados durante la temporada de cultivos.

— Sueltos durante la temporada cuando no hay cultivos.

4. Edificios: Aparte de los cobertizos temporarios ya descritos, hay pocas razones para usar edificios en la producción primitiva de cerdos.

Ventajas

— Facilidad de manejar los animales cuando se encuentran confinados en áreas pequeñas, especialmente en la época de parto y en casos de enfermedad.

— protección de condiciones climáticas extremas, principalmente el frío.

— se usa menos terreno.

— menos problemas de parásitos.

— menos preocupación por robo de animales.

Desventajas

— costo de edificios y equipo.

— el granjero tiene que tener más experiencia en la cría de cerdos.

— los problemas de salubridad por la acumulación de suciedad muchas veces lleva a problemas de enfermedades.

— los lechones en edificios con pisos tendrán un problema serio de anemia a menos que se tomen precauciones. Vea las Notas sobre lechones en la Sección Reproducción.

— los edificios cerrados por lo general son demasiado calurosos para el confort y la buena salud de los animales.

Nota: La sección al final de este libro describe en detalle un sistema básico de confinamiento.

DIBUJOS DE CERCOS

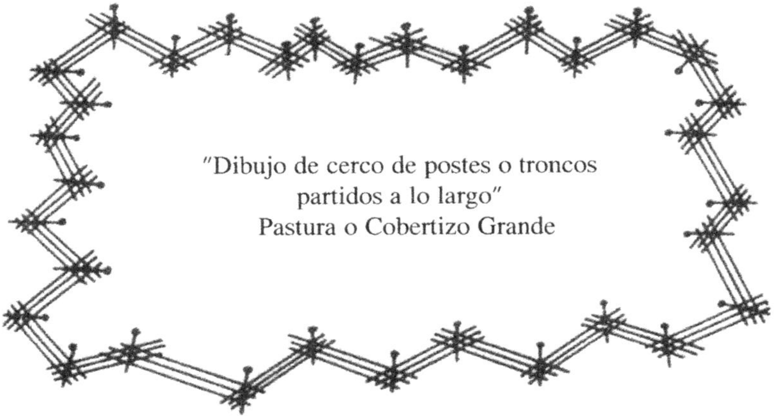

"Dibujo de cerco de postes o troncos partidos a lo largo"
Pastura o Cobertizo Grande

Se usan postes largos o troncos partidos de unos 3 m. de largo. Se colocan horizontalmente y se traslapan en los extremos. Para tener máxima fuerza, los extremos deben cruzarse en ángulo. Un poste perpendicular en el ángulo agrega más fuerza. Los postes pueden fijarse unos a otros con clavos, alambre o lianas fuertes. Por muchas razones, este tipo de cerco es usado con frecuencia en la producción primitiva de ganado.

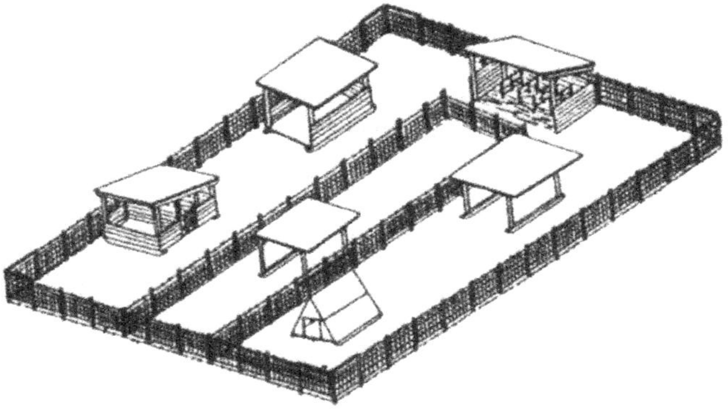

Ejemplo de una porqueriza cuadrada pequeña de un tirante de largo en cada lado. Tiene muchos usos, como ser: separar a las cerdas de los lechones durante el destete. Puede confinar eficazmente a animales adultos. Un poste fuerte perpendicular en cada esquina hace mucho más fuerte al redil, especialmente si se colocan en agujeros.

Nota: El poste de abajo debe ser colocado al nivel del suelo o debajo de él para mantener confinados a los lechones.

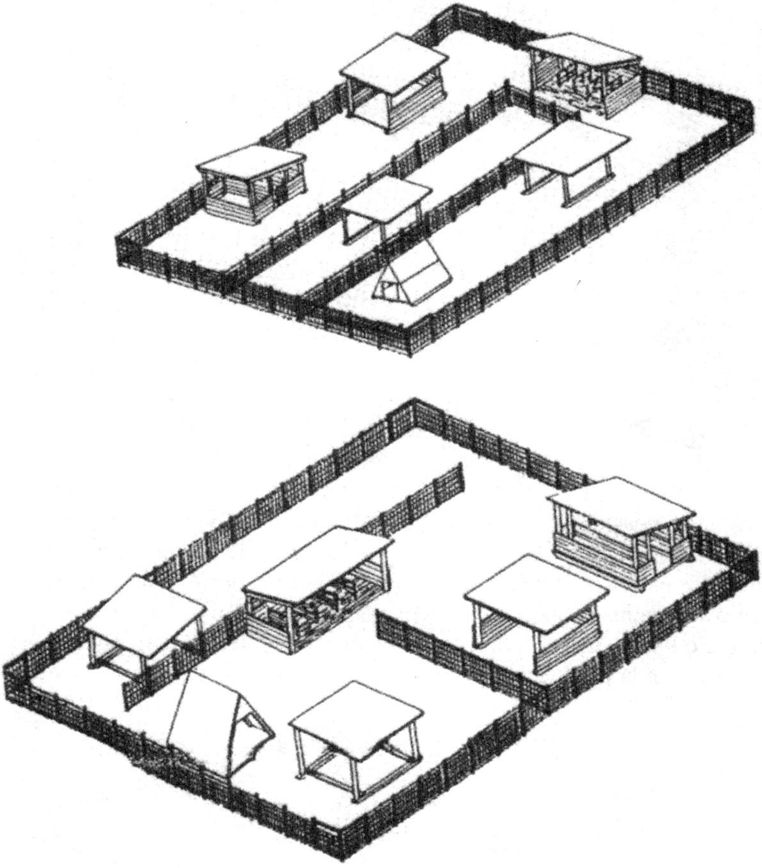

De Tuskegee Univ. Cir. TI-AS-14B 6:79

Estos dibujos ilustran una distribución práctica de una unidad para la pequeña producción de cerdos. Siempre recuerde que la rotación del lugar de pastoreo y del chiquero es una necesidad absoluta en la cría de cerdos sanos.

Nota: Lea las muy importantes notas sobre la ubicación de la unidad para el ganado, rotación de pastura y chiquero, uso de edificios temporarios-portátiles, etc. en la Sección VI sobre Prevención y control de enfermedades y parásitos.

AMBIENTE PARTE III

Edificios y equipo

COMEDEROS O BEBEDEROS

COMEDERO PORTATIL

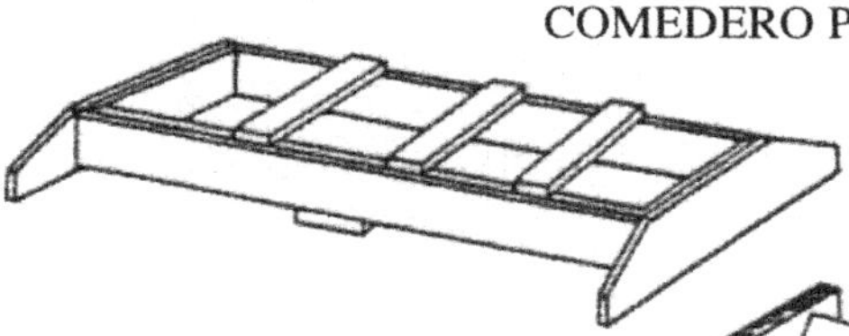

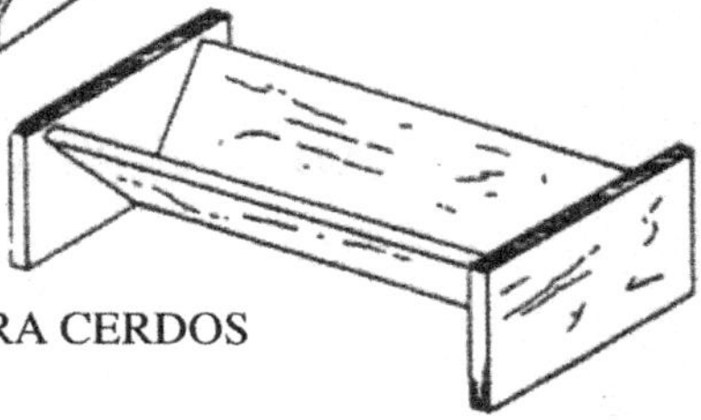

COMEDERO PARA CERDOS

COMEDERO O BEBEDERO HECHO DE UNA LLANTA VIEJA DE TRACTOR O CAMION

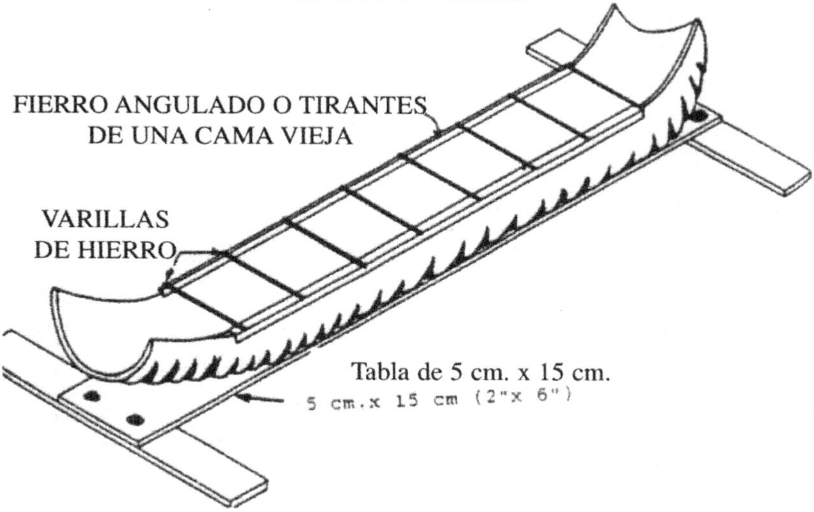

De:Tuskegee Inst. Cir. TI-AS-14B 6:79

Los siguientes dibujos ilustran el uso de llantas usadas para comederos o bebederos. Las llantas de camiones o tractores pequeños resultan mejor porque las paredes son más fuertes y se mantienen separadas mejor. Son difíciles de limpiar y con frecuencia se tornan insalubres; sería mejor usarlas en una situación temporaria o como último recurso.

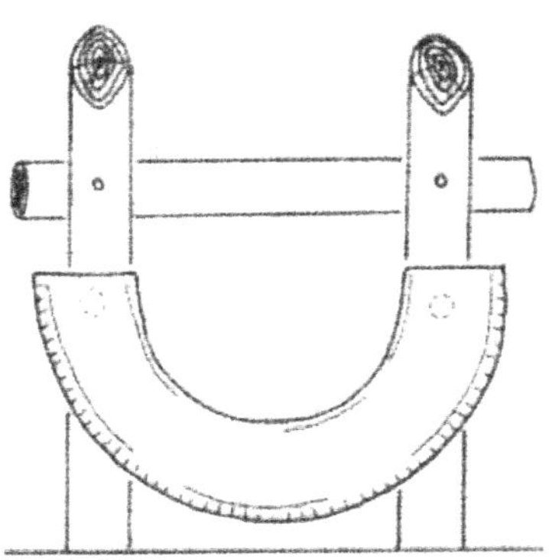

Media llanta

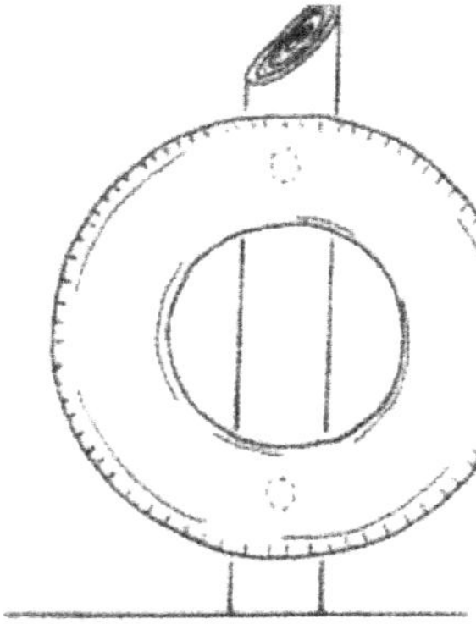

Llanta entera

"Dibujos de comederos y bebederos para cerdos"
Adaptado de Clemson University Agr. Eng. Circular 205

NOTA: Hay otros dibujos de comederos y bebederos al final de la Sección VIII Sistema básico de confinamiento.

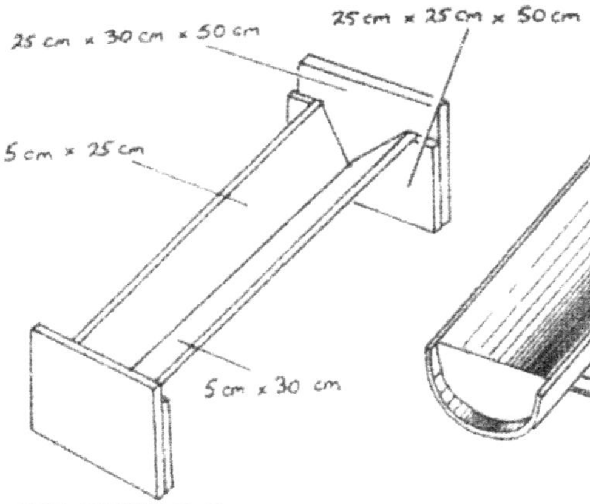

COMEDERO O
BEBEDERO DE MADERA

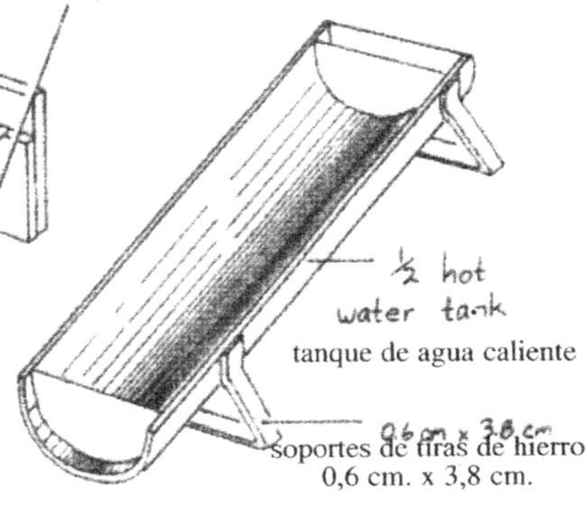

COMEDERO O
BEBEDERO DE
ACERO

COMEDEROS O BEBEDEROS

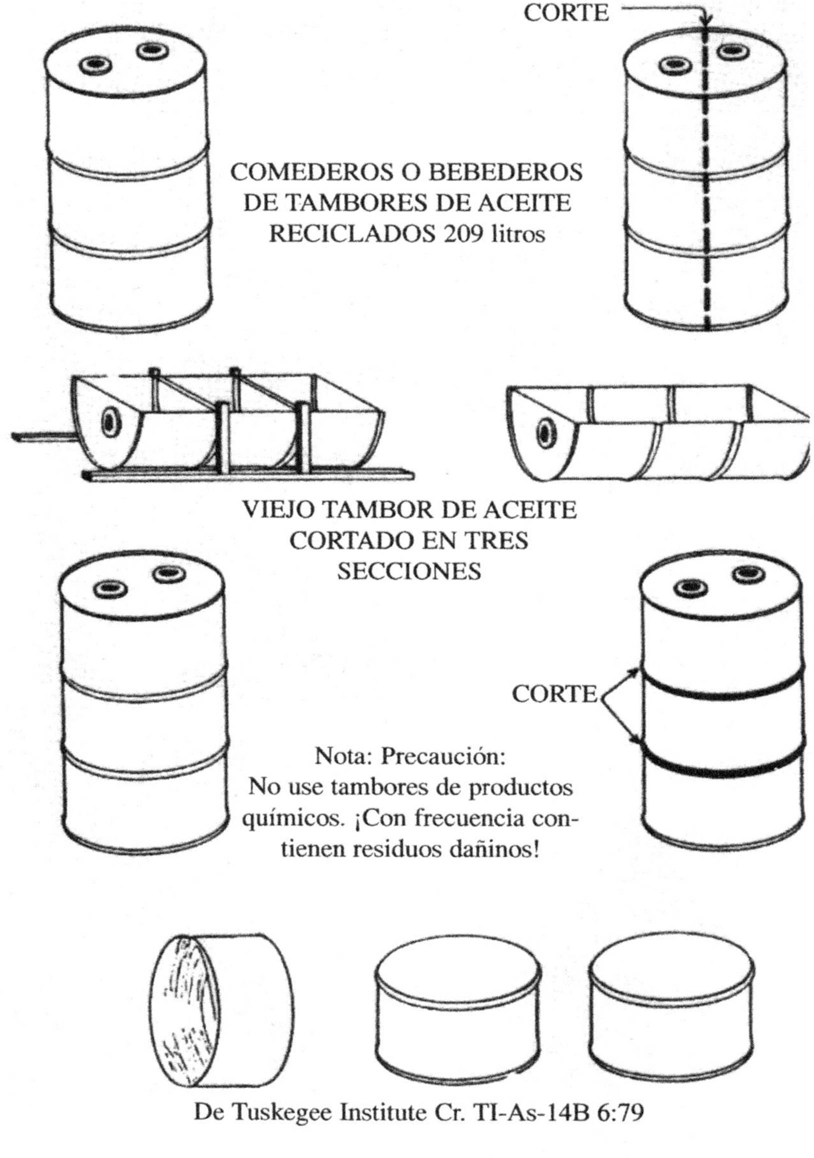

De Tuskegee Institute Cr. TI-As-14B 6:79

En la sección sobre confinamiento al final del libro hay ejemplos de comederos y bebederos de cemento.

Adaptado de:

Plano para construir un comedero, con puertas para comer por un lado. Los cerdos pueden comer de este comedero levantando las puertas que tienen bisagras por atrás.

(Cortesía Agricultural Extension Service, State College, Mississippi)

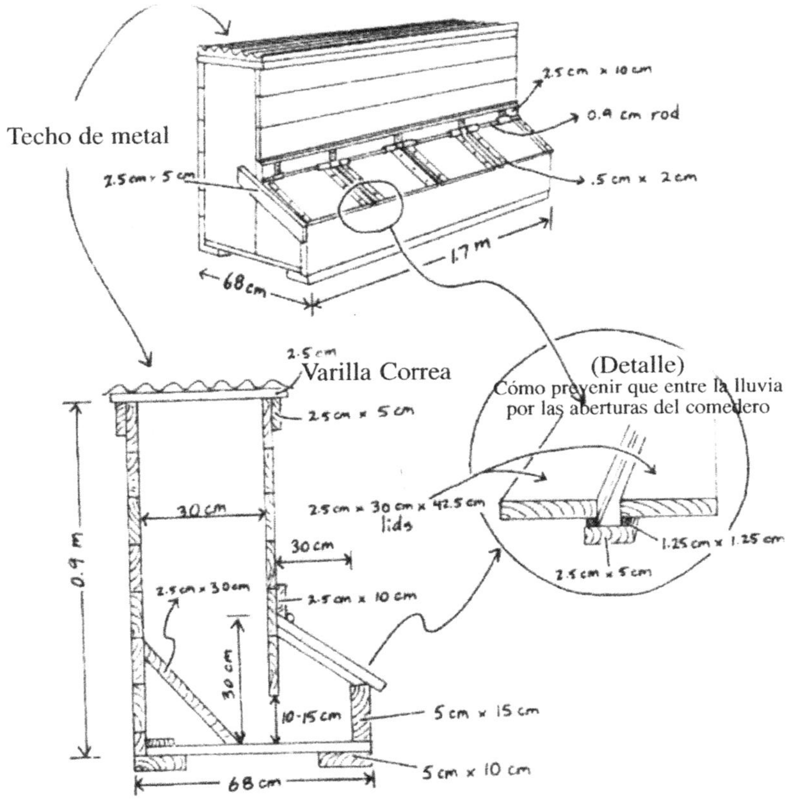

VISTA DE COSTADO

Adaptado de

Plan para un auto comedero construido en casa con espacio para comer a cada lado. (Arriba) Perspectiva. (Abajo) Vista de costado.

(Cortesía Agricultural Extension Service, State College, Mississippi)

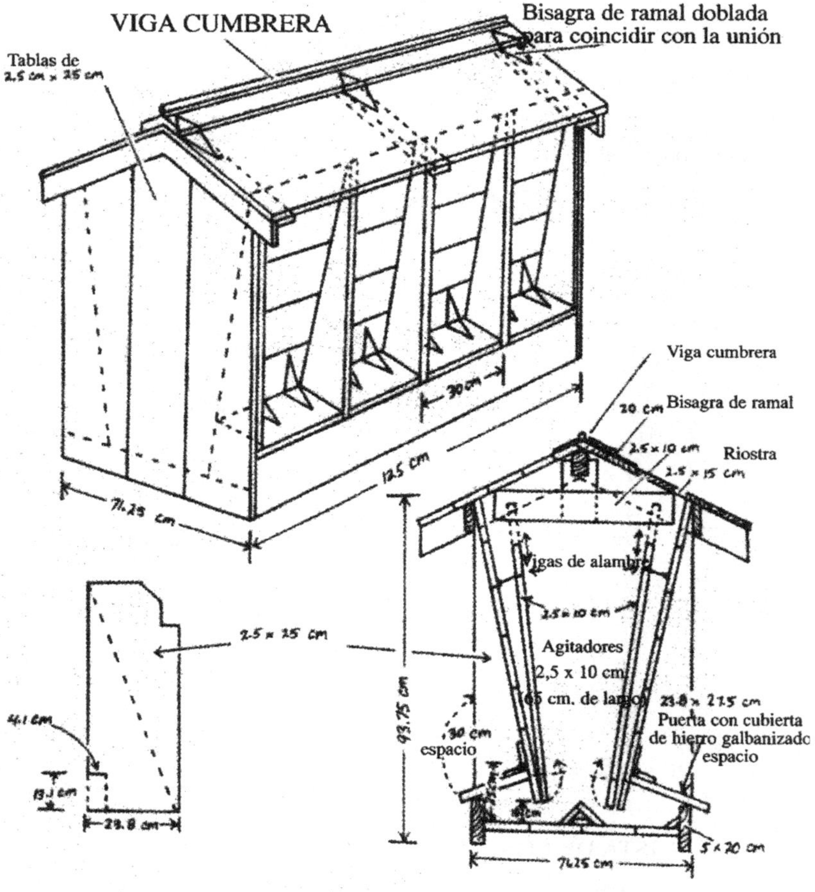

VISTA DE COSTADO

Parasitorio de una sola agua

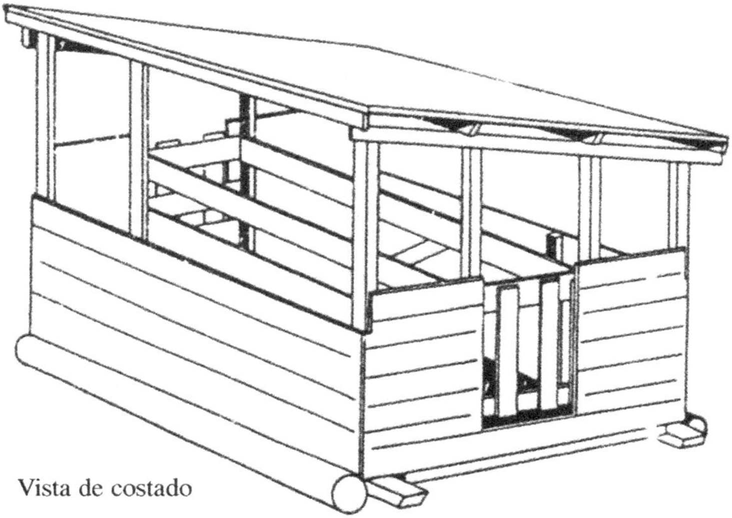

Vista de costado

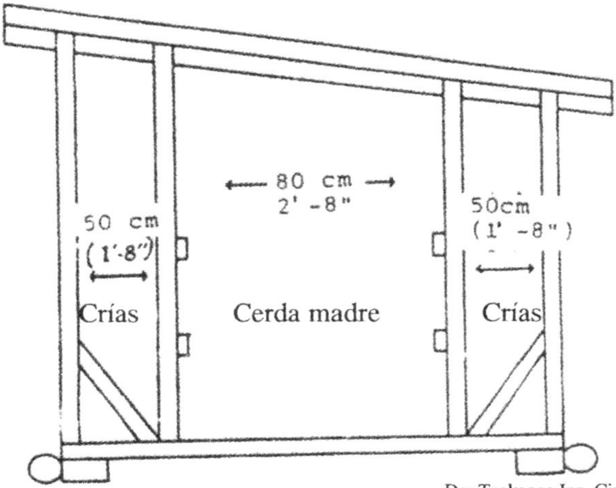

De: Tuskegee Ins. Cir. TI-AS-14B 6:79

NOTA: Si las tablas del piso tienen una separación de 2,5 cm., las condiciones sanitarias mejoran mucho porque la orina y los excrementos caen a la tierra. Si la unidad se traslada después de cada parto y destete, dejamos los excrementos y suciedad atrás lo cual ayuda mucho a la salubridad y la buena salud.

Arriba: Dibujo de un cobertizo temporario hecho con postes y restos de materiales de construcción. La paja también sería adecuada si el techo fuera más inclinado.

De USDA Leaflet 537.

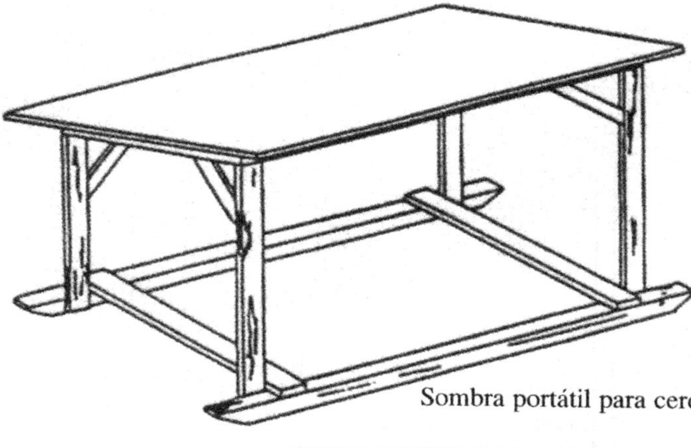

Sombra portátil para cerdos

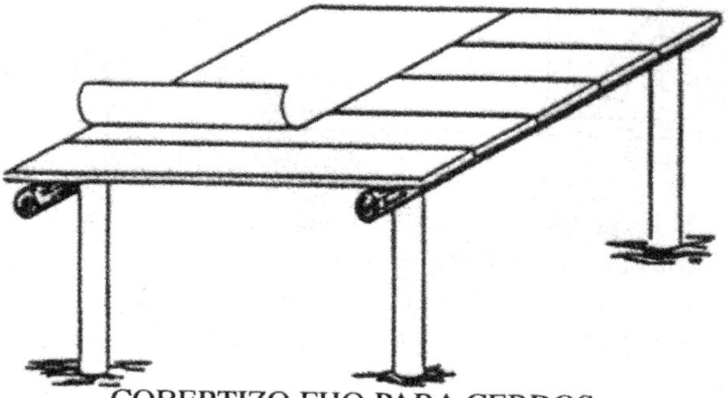

COBERTIZO FIJO PARA CERDOS

De: Tuskegee Int. Cir.TI-AS-14B 6:79

AGRI. ING. CIR. 205 nov., 1948

PORQUERIZA TIPO-A

LISTA DE MATERIALES

2 - 5 cm x 15cm x 240cm tablones laterales
7 - 2,5cm x 15 cm x 240cm tirantes
10 - 2,5cm x 7,5cm x 360cm tablas y listones
10 - 2,5cm x 20cm x 360cm revestimiento exterior
1 - 5cm x 10cm x 300cm baranda
2 (1Kg) 8d clavos comunes
1 (_ Kg) 6d clavos comunes
1 pieza 62,5 cm planchas de alquitrán de 2,10 m. de largo

Distribuido en cumplimiento de las actas del Congreso de mayo 8 y junio 30 de 1914.

Preparado por
G. H. STEWART. L DER
AGRICULTURAL ENGINEERING EXTENSION WORK

en colaboración con
A. L. DURANT
EXTENSION LIVESTOCK SPECIALIST
CLEMSON AGRICULTURAL COLLEGE
en colaboración con el
UNITED STATES DEPARTMENT OF AGRICULTURE
EXTENSION SERVICE
D. W. Watkins, Director
Clemson, Carolina del Sur

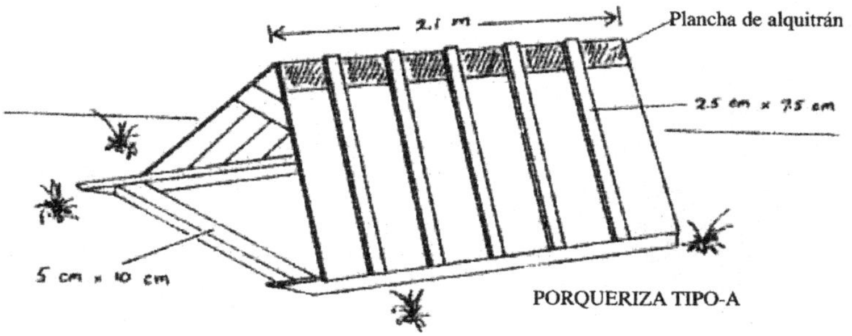
2.1 m
Plancha de alquitrán
2.5 cm x 7.5 cm
5 cm x 10 cm
PORQUERIZA TIPO-A

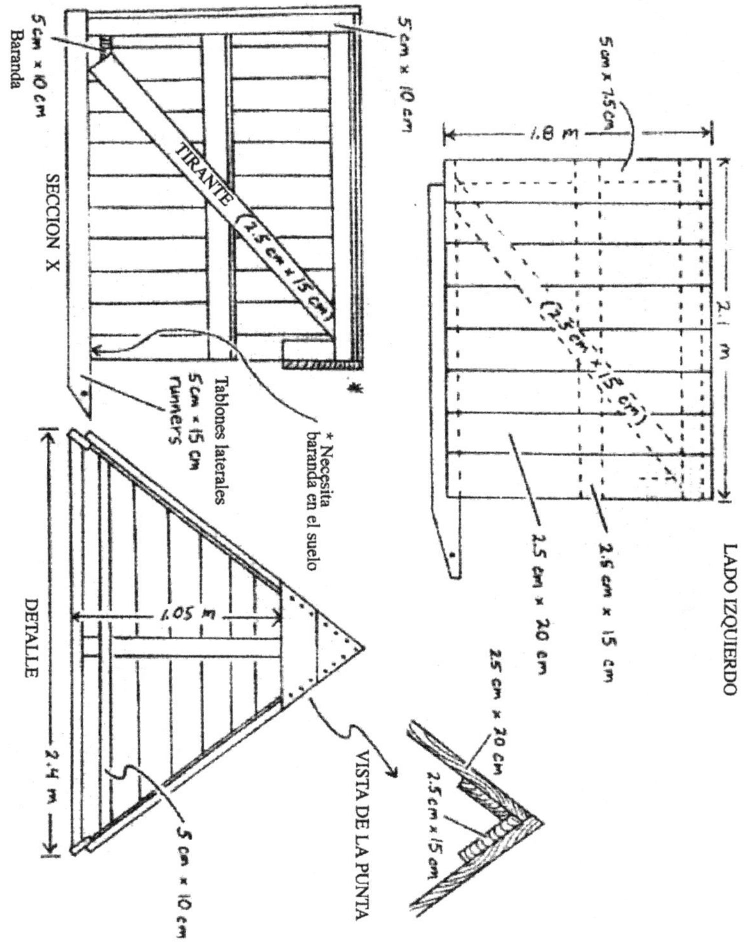
5 cm x 10 cm
Baranda
5 cm x 10 cm
TIRANTE
(2.5 cm x 15 cm)
SECCION X
Tablones laterales
5 cm x 15 cm
runners
* Necesita baranda en el suelo
1.8 m
5 cm x 7.5 cm
2.1 m
(2.5 cm x 15 cm)
2.5 cm x 20 cm
2.5 cm x 15 cm
LADO IZQUIERDO
DETALLE
1.05 m
2.4 m
5 cm x 10 cm
VISTA DE LA PUNTA
2.5 cm x 20 cm
2.5 cm x 15 cm

REDIL DE PANELES PARA EL CAMPO/PASTURA

Adaptado de:

(Cortesía - Agricultural Extension Service, State College, Mississippi)

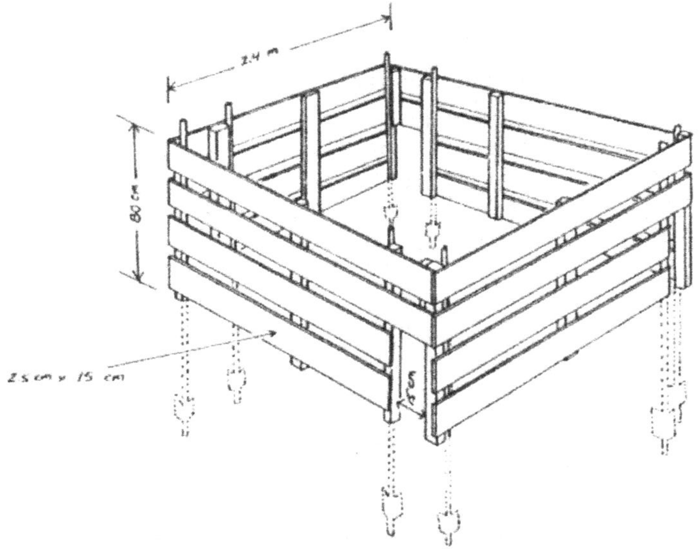

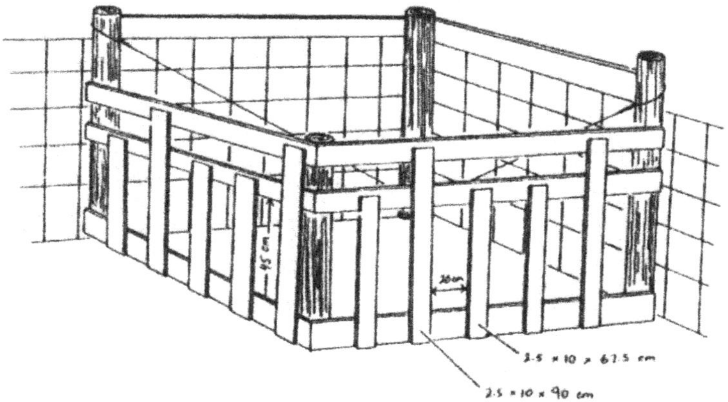

REDIL PARA CERDOS CONSTRUIDO
CONTRA EL RINCÓN DE UN ALAMBRADO

Adaptado de:

(Cortesía - Agricultural Extension Service, State College, Mississippi)

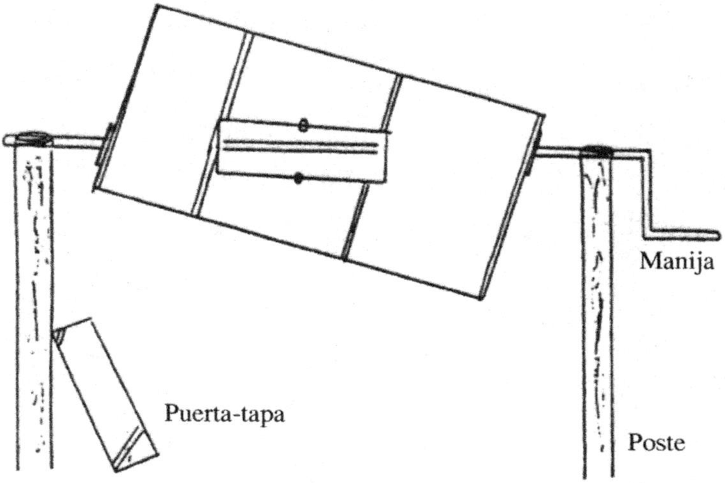

Mezclador de 90 k. hecho de un tambor de 170, 200 ó 350 litros, visto sin la puerta para llenar o vaciar.

NOTA: Se necesita algún tipo de pestillo simple para mantener la puerta asegurada mientras se mezcla.

PRECAUCION: No use tambores que hayan sido previamente utilizados con productos químicos tóxicos.

Sección II

Nutrición

Nutrición— Alimento y agua para tener crecimiento y salud

En este libro enfatizaremos mucho la nutrición porque el alimento representa el mayor costo en la producción de cerdos. Son muchos los aspectos de la salud del animal que se ven afectados por la nutrición. Los cerdos pueden consumir una amplia variedad de alimentos y frecuentemente prosperan con ellos. Muchos de éstos sobreabundan cuando están en temporada; son muy económicos en ciertas regiones o no son nutritivos para los humanos o del gusto de ellos. En consecuencia, se desperdiciarían si no se dieran de comer a los cerdos. Hay muchas ocasiones en que granos, junto con otros ingredientes comprados, incluidos en la dieta junto con otros productos, dará como resultado un gran aumento de proteína y grasa para cocinar. Es probable que no se dispondría de esta proteína y grasa si no fuera por las características singulares de los cerdos.

Al igual que los humanos, los cerdos tienen un estómago simple relativamente pequeño. Dado que son omnívoros (como el hombre), tienen la capacidad de utilizar alimentos de origen animal tanto como vegetal. Esto nos da muchas opciones para alimentar a los cerdos que no tenemos al alimentar vacas, ovejas y cabras.

Los cerdos pueden aprovechar forrajes, pasto y otras hierbas mucho mejor de lo que generalmente se cree. Esto nos brinda opciones que ayudan a ampliar los tipos de alimento en la dieta.

Las necesidades alimenticias del animal dependen de su tamaño, edad, preñez, lactancia, clima, tipo de terreno y muchos otros factores, tales como confinamiento en edificios con pisos. Estas sugerencias con respecto a nutrición se ofrecen sólo como información. *Deben ser utilizadas en base a las necesidades del animal, sabiendo que las condiciones locales y las circunstancias del dueño determinarán la flexibilidad en la alimentación de los cerdos.* Por esta razón, el autor ha investigado ampliamente el tema para encontrar cuantos alimentos le fuera posible que los cerdos pueden consumir. Visitar granjeros que crían cerdos en su zona puede ayudarle a descubrir otros alimentos adecuados para el ganado porcino.

La clave de la nutrición de los cerdos es comprender que se deben combinar distintas clases de alimentos para tener una ración balanceada. Ningún alimento en sí provee todos los elementos nutritivos requeridos.

Hay cinco clases de alimentos para cerdos:

Carbohidratos y grasas: Se encuentran principalmente en granos, pero los hay en frutas secas (y frescas), batatas (camotes, ñames), papas, melaza y grasas. También verduras y desperdicios, pero éstos son menos deseables. Los alimentos en este grupo proveen energía que es usada diariamente en los procesos corporales, almacenados como gordura y usados en la producción de leche. Constituyen alrededor del 75-85% de la dieta total de los cerdos.

2. Proteína: Se provee por medio de una cantidad de subproductos de animales y peces y semillas aceitosas. Un buen pastoreo provee mucha proteína. Los granos contienen una pequeña cantidad. La proteína produce crecimiento y fortalece los tejidos (músculos y carne magra).

3. Minerales (incluyendo sal): Son provistos por fuentes como: cal molida, harina de huesos tratados al vapor y sal. Éstos son necesarios para el crecimiento de huesos y tejidos y para funciones corporales.

4. Vitaminas: Se necesitan en pequeñas cantidades para su crecimiento, reproducción y funciones corporales. Son necesarios para una buena salud. Las vitaminas se proveen principalmente por medio de un buen pastoreo, pero pequeñas cantidades proceden de fuentes de proteína y frutas frescas y verduras.

5. Agua: Contar con agua potable fresca, abundante, constante es indispensable para la buena salud.

I. Carbohidratos y grasas:

A. Granos: En áreas donde se produce eficientemente el maíz, es un alimento básico de las raciones de los cerdos. Se les puede dar cualquier grano, al igual que subproductos y sustitutos de granos. Muchas veces el grano es caro y no se consigue. Pequeñas cantidades, usadas con otros ingredientes baratos, los extenderán grandemente y ayudarán a balancear la ración. Este método puede ser económico. Puede incrementar la proteína y grasa para cocinar a disposición de los humanos. En áreas aisladas donde el transporte de productos de granjas es difícil, la carne y los animales muchas veces pueden venderse con más facilidad que el grano.

1. Maíz: El maíz es un alimento ideal para los cerdos pero, al igual que con todos los productos de granos, necesita balancearse con proteína y minerales adicionales para obtener los mejores resultados. El maíz amarillo tiene más vitaminas y es el preferible.

2. Trigo: Este grano es similar al maíz y es un alimento ideal para cerdos. No obstante, el costo y la disponibilidad significa que es usado poco como alimento para cerdos (también debe ser balanceado con proteína y minerales).

3. Avena: Éste es un buen alimento para cerdos y es menos costoso que el trigo. Debido a su alto contenido de fibra, es mejor para los animales adultos que para los jóvenes. La avena mondada es buen alimento para lechones.

4. Cebada: Es casi tan bueno como el maíz, pero debe ser machacado o molido.

5. Centeno: Si se muele o tritura, el centeno es un alimento satisfactorio para cerdos

6. Sorgos de granos: Éstos pueden ser de mijo, cafre, etc. Si se trituran o muelen, son similares al maíz en lo que respecta al valor nutritivo para cerdos.

7. "Triticale": Un híbrido relativamente nuevo, es una cruza entre trigo y centeno, y puede ser usado satisfactoriamente como alimento para cerdos. Excepto en períodos cortos, no debe constituir más del 50% de la dieta total. Recientes investigaciones han mostrado que ciertas variedades de "triticale" libres de cornezuelo dan tan buenos o mejores resultados que el maíz, cuando se da a los cerdos como única fuente de grano.

8. Salvado de trigo y deshechos de trigo: Éstos son similares al trigo en valor nutritivo y pueden ser dados a los cerdos, si se consiguen a un costo razonable. Son mejor para dar de comer a animales de más de 40 kilos. No debe constituir más de un cuarto de la ración total, excepto durante periodos cortos. Estos son subproductos de la molienda.

9. Otros granos o subproductos de moliendas: de alimentos incluyendo las migajas sobrantes en el piso pueden darse de comer a los cerdos. Existe un elemento de riesgo si otros productos químicos son almacenados en el mismo edificio.

NOTA: Todos estos granos, con excepción del maíz, deben ser molidos, triturados, partidos o remojados en agua para asegurar su máximo provecho como alimento para cerdos. Excepto cuando se utiliza para lechones, la mayoría de las variedades de maíz indio hendido en la punta pueden ser dados como grano integral.

(Todas las variedades de maíz indio no hendido en la punta no tienen semillas con cáscaras extremadamente duras lo cual puede requerir romperlas o ablandarlas para mejorar su gusto y consumo. Los cerdos alimentados excesivamente con maíz duro pueden dejar de comer sin evidencias de enfermedad. El examen de la boca mostrará encías sensibles, hinchadas, partidas o sangrantes.)

Vea Detalles en la sección sobre Preparación de alimento.

B. Productos de arroz

1. Arroz: El tipo de arroz integral o de arrozal es buen alimento para los cerdos pero únicamente si se muele o cocina. Es mejor usarlo para animales de más edad. Su costo y disponibilidad limitan usarlo para cerdos, excepto por circunstancias especiales. Puede ser usado para hacer rendir más otros productos baratos a fin de producir proteína y grasa. Los cerdos de más edad prosperan con el rastrojo del arroz.

2. Salvado y afrechillo de arroz: Un buen alimento para cerdos, si se mezcla con otro grano y un poco de proteína. No lo dé a comer como la única fuente de carbohidratos excepto durante periodos cortos. El alto contenido de grasa causa el rápido desarrollo de rancidez.

C. Sustitutos de granos

Éstos se aprovechan mejor para remplazar parte del grano, pero no pueden ser usados como la única fuente. Al igual que con otros productos, necesitan balancearse con minerales, un poco de proteína y pastoreo o forraje.

1. Papas: Las papas entresacadas o sobrantes se dan ocasionalmente a los cerdos para comer. Si se cocinan, pueden remplazar parte del grano en la dieta. *Nota:* Los brotes pueden ser peligrosos. Quítelos antes de dar para comer. Las papas deshidratadas también dan buenos resultados.

2. Batatas (camote, ñame): Estas son un buen sustituto de grano. No las dé para comer como la única fuente de carbohidratos excepto durante cortos períodos de tiempo. No dé a comer batatas mohosas o podridas o brotes. Si no se cultivan batatas en su región, sugiera que se pruebe. Cocinarlas mejora su valor. Lleva entre 1 y 2 kilos remplazar medio kilo de maíz. Las hojas y tallos son buena fuente de proteínas, ya que contienen entre 20-30% de proteína.

3. Mandioca (cazabe, yuca): Puede ser usada como sustituto de grano. Puede ser venenosa para humanos y animales. Pelar la cáscara y hervirla parece prevenir este problema. En algunas áreas, esto se hace cortándola en trozos y dejándola secar al aire durante varios días. Es un alimento que parece cultivarse económica y fácilmente en climas calurosos. Probablemente debería recibir más atención como alimento para cerdos.

4. Harina de cazabe: Un producto manufacturado que sustituye satisfactoriamente al grano para cerdos, si se consigue a un precio razonable.

5. Melaza: Puede remplazar (1/3) del grano, pero no debe ser usada como el único carbohidrato excepto durante cortos períodos. La melaza no debe constituir más del 10% de la dieta de cerdos jóvenes, 20-30% de los animales en etapa de crecimiento. La melaza de caña de azúcar es la mejor, la de remolachas regular y la melaza cítrica es la menos deseable.

El jugo de caña es otra fuente de energía de carbohidratos que ha sido usado con cerdos. Debe ser utilizado dentro de las 8 horas o se fermenta. El benzoato de sodio a un 9,15% V/V (aprox. 300 gramos en 205 l. de jugo de caña) conserva el jugo por 7 días. Es una excelente fuente de energía y a los cerdos les gusta. Se han engordado cerdos sólo en base a esto. Los aumentos de peso eran buenos. No obstante, se les debe dar proteína, vitaminas y minerales de otras fuentes.

6. Azúcar: Lo mismo que la melaza.

7. Tubérculos: Cultivos de raíces, patacas, remolachas y nabos y cualquier otro vegetal del cual se cultiva la raíz, comestible para los humanos, es alimento satisfactorio para cerdos. Estos no son muy nutritivos, pero a los cerdos les gusta. Pueden extender algo la dieta. Las zanahorias son mejores que las demás.

8. Verduras entresacadas (demasiado maduras o sobrantes): Pepinos, sandías, calabazas, lechugas, repollos, zapallos y otras disponibles localmente no son muy nutritivas pero pueden aumentar el rendimiento de la dieta. No debe ser el único alimento para cerdas lactantes y para animales jóvenes. Se aprovechan mejor con animales más grandes en crecimiento.

Se consiguen subproductos del tomate como resultado de la industria de la pasta de tomate. Los subproductos incluyen la cáscara y las semillas. Estos subproductos se fermentan y pudren rápidamente, pero si se dan de comer inmediatamente, tienen un nivel de 25% de proteína (en una base de masa seca). Pueden ser utilizados para hasta un 20% de la dieta.

9. Frutas entresacadas (demasiado maduras o sobrantes): Coco, bananas maduras, salvado de piña, aguacate (palta) (sin semillas), peras, manzanas, duraznos, papaya y fruto del "árbol del pan" son satisfactorios para hasta 1/3 de la dieta, o más por periodos cortos. No deben ser usadas como el único alimento para cerdas lactantes y animales jóvenes, pues son demasiado bajas en fuente de energía. Cualquier otra fruta disponible localmente debe ser investigada como fuente de alimento para los cerdos. Las bananas pueden ser utilizadas de diversas maneras, pero son más apetecibles si se dejan madurar. Las bananas verdes son algo amargas y los cerdos comen menos de ellas que de las maduras. Las bananas maduras se pueden dar de comer enteras con la cáscara. Las bananas verdes pueden hacerse más apetecibles cocinándolas. Con frecuencia hay sobrantes de bananas y quizá puedan conseguirse gratis o a un costo muy reducido. En tales zonas, deben recibir más atención como alimento para cerdos. Las bananas y el fruto del árbol del pan se cuentan entre los mejores sustitutos de grano para cerdos.

Nota: Las verduras, papas y frutas deben ser cortadas en trozos pequeños para ser mejor digeridas y para que no se atraganten.

10. Fruta seca: Pasas de uva, higos secos, ciruelas secas, dátiles, manzanas, etc. entresacados pueden ser usados para alimentar a los cerdos. Deben limitarse a 1/3 de la dieta, excepto durante cortos períodos. Este es un método de preservación de alimentos sobrantes o económicos para ser usados más adelante, cuando están fuera de temporada.

11. Fruta y pulpa cítricas: Con frecuencia hay sobrantes en la época de cosecha. Puede resultar un alimento económico ya que la fruta entresacada puede ser gratis. Lo mismo se aplica a otras frutas. Pueden ser dadas de comer con la cáscara. Las más dulces, como naranjas o mandarinas, son preferidas a los limones, limas y toronjas (pomelos). La pulpa de remolacha tiene casi el mismo valor nutritivo para el cerdo.

12. Harina de frijol (poroto, alubia): Molido o triturado, éste es un alimento satisfactorio para hasta 1/3 de la dieta. Contiene mucha fibra y es mejor dárselo a animales que no están lactando.

13. Copra: Esta es harina de aceite de coco. Remplaza satisfactoriamente los carbohidratos hasta 1/3 de la dieta. A los cerdos no les resulta apetecible y debe ser mezclada con otra comida para obtener mejores resultados. La melaza es buena para mezclar con copra.

14. Harina de aceite de "babasu": Este es un subproducto manufacturado de la palmera brasileña. Su valor alimenticio para los cerdos es igual que el de copra.

15. Semilla de tamarindo: Ha sido usada satisfactoriamente en India como fuente de carbohidrato de grano, aunque no se cuentan con otros detalles.

16. Huevos descartados de incubadoras: Son un buen alimento para cerdos y con frecuencia se encuentran cerca de criaderos de pollos. Constituyen un alimento bastante satisfactorio para cerdos, pero sólo si se cocinan y en pequeñas cantidades.

Precaución: No debe darse de comer a animales o humanos ningún grano o semilla de ningún tipo (incluyendo semillas aceitosas como el maní [cacahuate], soya y algodón), que han sido tratados con productos químicos para su cultivo. Todos los tratamientos químicos en las semillas son dañinos.

17. Pulpa de caña de azúcar: Es un subproducto de la fabricación de azúcar. Aunque no es muy deseable como sustituto de grano, puede ser usado en pequeñas cantidades, (no más del 15%) en las raciones de animales más grandes en crecimiento. (Vea la Muestra de ración 13.) Es mejor usarla con melaza. Tiene muy poco valor alimenticio para cerdos y sólo debe ser usada como último recurso.

D. Residuos de grasa de la cocina: Grasa de cerdo y sebo, aceites para cocinar. Todos estos son buena fuente de energía y dan buenos resultados en la ración de los cerdos. No deben constituir la única fuente de energía. La grasa estimula a las cerdas madre a dar más leche más rica en grasas. Debe ser complementada con otros carbohidratos, proteína y minerales. Los aceites vegetales comestibles, tales como de maní (cacahuate), soya y girasol dan buenos resultados.

En zonas tropicales, la comida no debe ser almacenada por mucho tiempo. Esto se aplica especialmente si se le ha mezclado aceite, porque el alimento se echa a perder rápidamente. Además, el aceite debe ser echado encima y no mezclado con el alimento que va a ser almacenado en altas temperaturas.

E. Residuos de pan y pastelería: Ocasionalmente se puede disponer de pan viejo, masa, pasteles, etc. gratis o económico. Muchas veces no son apetecibles a los humanos o son sobrantes. Son similares al grano en su valor nutritivo y lo pueden remplazar. Se necesitan proteínas y minerales para balancearlos. Si están muy secos, deben ser humedecidos.

Precaución: No dé a comer productos mohosos y siempre quite los envoltorios de plástico o papel.

F. Alimento de desperdicios: Los desperdicios pueden sustituir al grano como fuente de carbohidratos. Es por lo general de origen animal o vegetal: comida botada a la basura por la gente. Los desperdicios industriales, institucionales o militares son muy superiores a los de las casas de familia, aunque todos se usan satisfactoriamente. Al igual que en el caso de cualquier fuente de carbohidratos de granos, deben incluirse proteína y minerales en la alimentación. Debido a su contenido nutritivo no balanceado, no se debe dar de comer únicamente desperdicios a los muy jóvenes o a cerdas lactantes; es mejor darlos a animales en crecimiento. Porque frecuentemente contienen carne y restos de huesos, pueden causar enfermedades y parásitos (triquina y tenia) que afectan a humanos y animales. Hervir los desperdicios durante 30 minutos se considera una precaución adecuada. Mejora el alimento mezclándolo y ablandándolo. Como último recurso, si su cocción es imposible, trate de quitar la carne y los restos de huesos o cocine estos por separado. Quite el plástico, papel, metales, etc.

Se debe prestar particular atención a los deshechos de mataderos como fuente de enfermedades y parásitos. Siempre cocínelos bien antes de darlos de comer. Los desechos de buena cualidad con restos de carne pueden ser usados con animales en crecimiento sin agregar proteína; no obstante, los animales crecerán con mayor rapidez y más sanos si reciben más proteína. Los desechos siempre necesitan ser complementados con minerales, incluyendo sal. Los desperdicios solos no son un alimento satisfactorio para cerdos menores de 8-10 semanas. Para andar bien, necesitan algo de carbohidrato de grano y agregado de proteína. Usar los desperdicios de casas de familia para alimentar a los cerdos es una práctica frecuentemente recomendada en situaciones primitivas.

Los animales confinados en un espacio pequeño y alimentados con desperdicios se beneficiarán mucho si se les da también alimento de pasto recién cortado, para proporcionar vitaminas.

Nota ambiental: Debido a muchos factores, la alimentación en base a desperdicios pronto se vuelve antihigiénico y los cerdos generalmente sufren más problemas de salud y de enfermedades. La rotación de cobertizos y pasturas, por le menos cada 6-12 meses, ayuda mucho en la cría de animales más sanos.

Para mantener el ambiente más saludable, siempre coloque los desperdicios en comederos, no en el suelo. Los comederos de concreto, como se muestran en la sección sobre confinamiento al final de este libro, son buenos para usar.

G. Pastoreo de forrajes-pasto: El pastoreo es una fuente económica de nutrición por lo general accesible. Debe ser utilizado, si es posible, dondequiera que se críe ganado porcino. En muchas regiones se puede hacer todo el año. En el caso de adultos que no están lactando, puede remplazar parte de los carbohidratos de grano y proteína. El pastoreo es especialmente beneficioso para animales preñados. Es casi una necesidad, a menos que se les dé una dieta bien balanceada muy nutritiva. Las legumbres, como trébol, alfalfa y otras que contienen mucha proteína, dan buenos resultados si se les agrega fertilizante de nitrógeno. Si las condiciones locales son adecuadas, deben cultivarse aunque sea en pequeños sectores. No obstante, cualquier vegetación verde (no venenosa) puede ser de provecho.

Si el pastoreo es de alta calidad o su disponibilidad es limitada, quizá sea mejor cortar el pasto y llevárselo a los animales, más bien que arruinarlo por pastorearlo. Cualquier sobrante puede secarse como paja para usarlo después.

Si los animales están encerrados en cobertizos con piso, contar con una fuente de forraje-pasto es casi una necesidad. Esto es para ayudar a proveer una fuente de vitaminas.

En muchos países, la experimentación local ha desarrollado variedades muy mejoradas de pastos naturales del lugar, que son más nutritivos y resistentes a las enfermedades y los insectos. Quizá se hayan importado pastos que son mucho mejores que el forraje local. En cualquier caso, deben plantarse las semillas o gajos del plantío original.

Aunque los fertilizantes comerciales con frecuencia son demasiado caros, o es demasiado caro el transporte, puede haber algunas situaciones donde el costo haga posible su uso. El rendimiento aumenta mucho con fertilizantes, y los alimentos son mucho más nutritivos. En muchos casos pequeñas cantidades de fertilizante incrementarán el rendimiento lo suficiente como para ser redituable. En otras áreas el análisis de la tierra puede indicar que un ingrediente, como fósforo o potasio, ayudarían mucho. Son mucho más económicos que fertilizantes completos.

El estiércol de pájaros y animales puede ser una fuente de fertilizantes.

Pastorear, teniendo acceso a áreas boscosas, permite que los cerdos complementen su dieta con larvas, lombrices, raíces, semillas, bellotas, bayas y, ocasionalmente, roedores pequeños.

II. Proteínas:

Los granos o sustitutos de granos no contienen suficientes proteínas para satisfacer las necesidades de los cerdos. Por lo tanto, de ser posible, se debe agregar algún alimento rico en proteínas. No hacerlo retarda el crecimiento, causa raquitismo y muchos otros problemas de salud.

Si los productos comerciales son costosos, con frecuencia hay recursos locales de los cuales obtener algún tipo de proteínas que se puede cultivar o comprar a un costo razonable. Los numerosos casos aquí listados dan prueba de que es así.

A. Proteínas de origen vegetal:

1. La harina de soja es 40-44% proteína y es la proteína de origen vegetal ideal. Al igual que las demás proteínas de origen vegetal, tiene que ser complementada con vitaminas y minerales. No debe constituir más de la mitad de la ración total. También se pueden usar la soja entera. Debe cocerse la soja durante 30 minutos a 138 grados centígrados para destruir un elemento químico que interfiere con la digestión. Cualquier tipo de cocción, como darle un hervor o tostar es de gran ayuda. La harina de soja no necesita volver a cocinarse.

2. La harina de maní (cacahuate) es 47% proteína. Es más nutritiva si se le agrega un poco de proteínas de carne o pescado. Los manís (cacahuates) pueden darse de comer crudos y en su cáscara.

3. La harina de linaza (lino) es 35% proteína. La información sobre la harina de maní se aplica aquí pero debe ser usada en cantidades limitadas o por corto plazo. No debe constituir más de 1/3 de las proteínas agregadas. Tiene un efecto laxante y es bueno para las cerdas madres en pequeñas cantidades.

4. La harina oleosa de semilla de algodón es 35% proteína pero, a menos que sea procesada especialmente es peligrosa para los cerdos por un elemento químico llamado gosipol. Es mencionado aquí porque el algodón se cultiva en muchas regiones y puede estar disponible a bajo costo. Teniendo cuidado, se pueden dar de comer pequeñas cantidades, no más del 10% de una ración normal, siempre y cuando se observe a los animales cuidadosamente. El mejor uso de esta harina, en las raciones de los cerdos, es extender o complementar otras fuentes de proteínas.

5 La copra (harina de médula de palma) es 21% proteína y se clasifica como una fuente de proteínas y de carbohidrato de grano. Es mejor si también se da de comer una pequeña cantidad de proteínas de origen animal: de carne o pescado.

6. Los chícharos (guisantes, arvejas) del campo son 23% proteína y constituyen una buena fuente de proteínas para los cerdos. Generalmente los pastorean pero resultan más eficaces y se desperdician menos si se recogen a mano. Pueden ser secados, usados y cocidos más adelante para los cerdos. También proporcionan carbohidratos. Ya que requieren pocos fertilizantes y en muchas regiones se pueden cultivar durante todo el año, deben recibir más atención como alimento porcino. Rinden bien en plantíos pequeños y también son un buen alimento para humanos. La enredadera seca de chícharo es paja excelente.

7. Los frijoles, alubias, porotos blancos y otros tipos de habichuelas son 23% proteína. Proporcionan proteínas y energía. Tienen que ser cocidos o son tóxicos (venenosos). Se les puede agregar sal para que sean más apetitosos.

Precaución: Si se ponen mustias, las cáscaras de algunas alubias son venenosas y no deben ser usadas como alimento. Precaución — las alubias crudas son peligrosas para los cerdos y no están totalmente exentas de peligro aun si se cocinan.

8. La alfalfa (Verde) o el Heno (picado fino) es una fuente excelente de proteínas, vitaminas y minerales para cerdos. Por lo general es cara pero aun en pocas cantidades es un alimento porcino excelente, hasta un 10% de la ración total. Las nuevas variedades muestran posibilidades de ser cultivadas en muchas regiones que antes no eran adecuadas. Sugiero que la prueben en su zona.

9. Semillas de girasol pueden ser una fuente de proteínas para los cerdos, aunque no tan adecuada como otras. Como alimento, es mejor para adultos dado que contiene mucha fibra. Puede ser dado de comer a los de todas las edades excepto a los lechones pequeños.

Harina de girasol: Contiene 25-45% de proteína. Es mejor que las semillas. Puede ser satisfactoria para todas las edades.

10. Harina de cártamo (alazor): Tiene pocas proteínas (20%) pero es una fuente aceptable de proteínas para hasta un total de 10% de la dieta.

11: Harina de sésamo: 44% proteína. Si se usa como fuente de proteínas, se necesita también algo de proteínas de origen animal.

12. Harina de plumas: (Subproducto del procesamiento de aves de corral). No es una fuente buena de proteínas para cerdos, pero se encuentra disponible en algunas áreas y debe ser usada si es económica. Se aprovecha mejor para aumentar el rendimiento de otras proteínas

13. Grano cervecero: (Subproducto del procesamiento de cerveza y subproducto de la destilación en la producción de alcohol). Es una fuente satisfactoria de proteínas para cerdos, si se puede conseguir y tiene un precio razonable. Tiene las mismas limitaciones que los granos de los cuales es producido.

14. Hojas y tallos de árboles: Las hojas y los tallos de la batata (camote) pueden ser una fuente de proteínas ya que generalmente la contienen en un 20-30%. Las hojas y los tallos de guazuma urnifolia (olmo de las Indias Occidentales), spondias mombin, caliandra, sesbenia, eritrema, bonzolive (incluyendo la vaina) y leucena son usados como alimento para cerdos en algunas regiones. La experiencia local puede indicar otras hojas comestibles como fuente de proteínas para cerdos y humanos.

En general, deben ser usados a un nivel no mayor del 20% en la dieta, con excepción de la leucena. Las hojas y vainas de la leucena no deben ser usadas para alimento de cerdas preñadas o lactantes, ni de verracos para evitar problemas de toxicidad mimosina. Puede provocar abortos, esterilidad y pérdida de pelo. En el caso de hembras que no están lactando ni están preñadas o cerdos jóvenes, la leucena puede ser usada en un nivel no mayor del 15% en la dieta a fin de evitar dicha toxicidad. Las hojas y los tallos deben ser cortados en trozos pequeños para que el cerdo coma toda la planta y no sólo las hojas.

Precaución: No use hojas y tallos de otros árboles o plantas a menos que se sepa que no son peligrosos. Muchos son venenosos para los cerdos.

Las hojas de amaranto pueden ser usadas como fuente de proteínas para los cerdos, y el grano usado como alimento para las personas. Se deja que la planta se vaya en semilla primero y se vuelve a plantar después de 4 semanas. Se cosecha 3-4 semanas después de haberla vuelto a plantar. El amaranto se produce aun en regiones secas. El problema principal al cultivar amarantos es la infestación de insectos. No obstante, si se fumiga adecuadamente con insecticidas, brinda un buen alimento para personas y cerdos. Las hojas pueden ser usadas hasta un nivel del 20% en la dieta.

15. Fuentes de proteínas vegetales en casos de emergencia: Muy malas fuentes de proteína para cerdos.

- **a. Harina de Nuez de Tung**: Tiene que ser desintoxicada como alimento para cerdos. No tiene buen gusto a menos que se dé en pequeñas cantidades y se haya mezclado bien. Úsese únicamente en casos de emergencia o por corto tiempo.
- **b. Harina de Aceite de Capock**: Éste es otro subproducto que puede ser utilizado como proteína para cerdos. Es mucho menos deseable que otros, pero puede ser usado.
- **c. Torta de harina oleosa de palma:** Éste es un subproducto industrial que no es una fuente de proteínas muy apetitosa ni muy nutritiva para cerdos. No obstante, puede ser usada en pequeñas cantidades cuando no se dispone de otras proteínas.

B. Fuentes de proteínas de carne-pescado

1. Fuentes de proteínas de carne y de huesos

- a. Restos de carne y de huesos
- b. Harina de carne y
- c. Grasa de matadero seca y molida

Todos estos son subproductos del procesamiento de carne. Por lo general contienen un 45-60% de proteínas y constituyen una fuente excelente de proteínas para cerdos. Si cualquiera de estos productos no ha sido cocido al ser procesado, debe cocinarse igual que la basura. Proporciona minerales.

2. Harina de sangre: (80% de proteína) Este es otro subproducto del procesamiento de carne que es una buena fuente de proteínas para cerdos. Se aprovecha mejor cuando se dan otras proteínas y tiene más valor para animales más grandes en crecimiento.

3. Harina de pescado (50-70% de proteína). Esta es una de las mejores fuentes de proteína para cerdos y una de las más apetitosas para ellos. Su elevado costo limita su uso en la mayoría de las regiones. En algunas áreas su costo es suficientemente bajo como para hacer posible su uso como alimento para cerdos. Es especialmente bueno para brindarles un buen comienzo a los lechones que están creciendo y para aumentar el rendimiento de proteínas de menor calidad. No le da gusto de pescado al cerdo.

Pescado cocido o restos de pescado. Los pescados de la pesca local o restos de pescado, si se cocinan, pueden ser dados a los cerdos como una excelente fuente de proteínas. En muchas áreas esto podría satisfacer la necesidad de proteínas de los cerdos. Pueden usarse para ellos especies de peces no apetitosas para los humanos. Si no se cocinan bien hirviéndolos (y en caso de pescados más grandes, también triturando o moliéndolos) las espinas pueden ser un problema. Los subproductos del procesamiento de mariscos pueden ser utilizados como raciones para cerdos. Éstos deben ser restos de procesamientos recientes, al igual que camarones, harina de cangrejo, tiburón y atún.

4. Suero lácteo: Éste es un subproducto de la fabricación de queso. Aunque contiene pocas proteínas, es fácilmente digerible. Tiene más o menos la mitad del valor nutritivo de la leche desgrasada y leche agria, pero debe ser usado si se consigue a un costo razonable.

III. Vitaminas:

Éstas se necesitan en pocas cantidades, pero son necesarias para tener buena salud, buen crecimiento y buena reproducción. No se usan como fuente de proteínas o energía, pero son indispensables para funciones corporales normales. Las vitaminas que con más frecuencia faltan en las raciones de los cerdos son: Vitamina A, Complejo B y B12. La Vitamina A es producida por la carotina, que se encuentra en los alimentos verdes y amarillos, como pastos y maíz amarillo o zanahorias. Las vitaminas de complejo B se encuentran en alimentos verdes y granos y B12 en productos animales y de pescado. En sistemas avanzados de producción de ganado porcino, se les da a los cerdos vitaminas producidas comercialmente. Esto constituye una necesidad donde se cría a los cerdos sobre piso de concreto o encerrados en edificios.

El elevado costo, los problemas de transporte y la inactivación causada por el calor hacen necesario encontrar una solución práctica para proveer de vitaminas a los cerdos. La solución es saber que las 14 vitaminas que requieren por lo general se encuentran en su alimentación si es que se les da de comer regularmente algunas de las diferentes categorías de alimento. Algunas son producidas por microorganismos normales en el intestino. Esto significa que se les debe dar regularmente granos o subproductos de granos y fuentes de proteína vegetal y animal (o láctea). Muchas de éstas se encuentran en forrajes que pastorean o son cortados y dados a los animales. Las frutas y los vegetales, especialmente los de color amarillo, proveen vitaminas y deben usarse lo más frecuentemente posible. Cualquier pescado o subproducto de pescado o proteína animal es de gran ayuda en proveer vitaminas, aunque sea sólo ocasionalmente.

Bajo la mayoría de los sistemas primitivos de producción, el forraje de buena calidad, pastoreado o cortado y dado a los cerdos, o secado para ser usado más adelante, proveerá las vitaminas adecuadas si los animales reciben una dieta razonablemente bien balanceada. Éste es un modo sencillo y económico de proveer vitaminas, de las que por lo general ya se dispone. Si no cuenta con forraje de calidad, use cualquier pasto verde u otra vegetación apetitosa y no venenosa.

IV. Minerales:

Estos son elementos inorgánicos indispensables para muchas funciones vitales, y constituyen componentes importantes del esqueleto. Los que se necesitan en mayor cantidad son calcio, fósforo, sodio y cloro (sal). Necesitan también hierro, zinc, yodo, selenio, cobre y manganeso, pero en cantidades diminutas.

El calcio y fósforo disponibles escasean demasiado en las fuentes usuales de carbohidratos-energía para satisfacer las necesidades porcinas, especialmente las de las hembras preñadas y las lactantes.

Casi todos los alimentos usuales son deficientes en sal. Prácticamente todos contienen algunos minerales. La combinación de alimentos que se les da determina la cantidad de minerales adicionales que necesitan. Debido a que los pastos cosechados para forrajes contienen más minerales que las semillas y sus subproductos, los cerdos alimentados con pastos necesitan menos minerales adicionales. Pueden obtener algunos de sus requerimientos minerales, particularmente hierro y otros elementos menores, directamente en la tierra.

Tenemos que comprender que el contenido mineral de los granos y forrajes de pasto depende en parte en la cantidad que tiene la tierra. Donde la capa superior del suelo es limitada debido a fuertes lluvias que reducen ciertos materiales, podemos esperar que el alimento cultivado contendrá menos cantidad de minerales. Esto, casi siempre, significa que tenemos que proveer minerales adicionales, ya que una o más de las condiciones enunciadas prevalece en la mayoría de las regiones. Los cerdos no crecen ni se reproducen bien sin los minerales adecuados.

Donde se dispone de una mezcla completa de minerales (calcio, fósforo, sal y elementos menores), a un precio razonable, debe usarse, ya que sólo consumirán diariamente pequeñas cantidades. En otras situaciones por lo general se puede encontrar otra solución práctica si uno cuenta con una comprensión básica del problema.

Una buena sal mineralizada suple sal y los elementos menores, todo lo que se necesita excepto calcio y fósforo.

El calcio es el componente principal de la piedra caliza (cal) que por lo general se consigue y es la mejor fuente de calcio. También puede tener magnesio.

La harina de hueso al vapor es una buena fuente de calcio y fósforo. El fosfato de piedra sin fluoruro es una buena fuente de fósforo y calcio. El fosfato de piedra al que no se le ha quitado el fluoruro es venenoso para los cerdos. El fosfato dicálcico contiene tanto calcio como fósforo y da buen resultado con los cerdos. Precaución No use cal que ha sido calentada o a la que se le hayan agregado otros ingredientes, como ser algunos para hacer mezcla de cemento o argamasa. Las proteínas de fuentes animales también proveen calcio y fósforo.

Posibles mezclas de minerales que pueden ser preparadas localmente.

Mezcla No. 1 Partes iguales
- — piedra caliza molida (o caparazones de moluscos)
- — harina de hueso al vapor
- — sal mineralizada (o sal yodada)

Mezcla No. 2 Partes iguales
- — piedra caliza molida (o caparazones de moluscos)
- — fosfato dicálcico
- — sal mineralizada (o sal yodada)

Mezcla No. 3 Partes iguales
- — piedra caliza molida (o caparazones de moluscos)
- — fosfato de piedra sin fluoruro
- — sal mineralizada (o sal yodada)

Mezcla No. 4 Partes iguales
- — harina de hueso al vapor o fosfato dicálcico
- — sal mineralizada (Esta mezcla no es tan buena como las anteriores, pero puede ser usada para cerdos).

Mezcla No. 5
- — 36 kg de ceniza de madera y
- — 9 kg. sal mineralizada (Esta es otra mezcla mineral que puede ser usada, aunque no tan buena, pero sencilla y económica.)

Todas estas mezclas deben ser ofrecidas diariamente a todas las edades, dejándolas a su elección, en cajas o comederos protegidos de la lluvia, a menos que sean incluidas en la ración completa que contiene minerales. Si no se dispone de otros minerales, se pueden dar cenizas de madera. Pero se las aprovecha mejor para aumentar el rendimiento de otros minerales de mejor calidad. Pueden ser dadas en la proporción de una cucharadita (tamaño común: 5ml.) diaria por 45 Kg de peso del animal. Parece tener algo de efecto beneficioso en el control de lombrices intestinales. Se puede dar diariamente harina de hueso o minerales mezclados, en la proporción de una cucharadita (5 ml) por 45 Kg de peso del animal. En muchas áreas hay criaderos de aves y cría de ganado vacuno que usan mezclas minerales caseras o comerciales, cuyos dueños están dispuestos a ayudar a otros granjeros. Aunque éstas son algo distintas de las necesidades de los cerdos, son preferibles a carecer de minerales. Pueden ayudarle a usted a obtener ciertos ingredientes, como sal mineralizada o yodada.

Caparazones molidos de moluscos (caparazones de almejas, coral, coquina o cualquier molusco) pueden ser usados cuando se necesita cal (piedra caliza). Por lo general hay caparazones molidos de moluscos donde hay cría de aves, pero tienen que ser molidos más finamente para los cerdos.

Pescado en la dieta provee yodo y otros minerales, como calcio, fósforo y selenio.

Nota: Con frecuencia hay disponibilidad de huesos animales. Pueden ser molidos finamente o triturados a mano o con un molino o mortero. Tienen que cocerse muy bien, preferiblemente a vapor, para matar los gérmenes. Los huesos más frescos son mejores para estos fines. Son una buena fuente de calcio y fósforo.

Nota: La sal mineralizada contiene yodo y elementos menores. El costo del transporte es menor que el de la mezcla mineral completa con calcio y fósforo. Puede ser mezclada con otro calcio y fósforo. Si no se dispone de sal mineralizada use sal yodada más bien que sal común. Vea las notas sobre agregar yodo a la sal en la sección sobre sal.

Nota: Puede haber disponibles oligoelementos comerciales. Pueden ser mezclados con sal y las fuentes de calcio y fósforo para tener un mineral completo, siguiendo las instrucciones de la etiqueta. Debido a que se utilizan muy pequeñas cantidades, los costos de transporte son bajos.

Vea en la sección sobre sal una descripción de una mezcladora sencilla, adecuada para mezclar minerales. Hay un dibujo en la sección sobre Edificios y equipo.

Las deficiencias de calcio y fósforo. Estas, por lo general, se manifiestan en coyunturas hinchadas y artritis en todas las edades, pero se nota mucho más en lechones unas pocas semanas después de su destete. Las cerdas madres tienen frecuentemente debilidad y parálisis en las patas traseras y son comunes los problemas reproductivos y de lactancia.

La necesidad de minerales es muy grande en animales alimentados con grano únicamente y sin proteínas.

Es menos crítica en animales con buen pastoreo y animales alimentados con proteínas animales o de pescado.

La sal es el mineral que los cerdos necesitan siempre. Puede ser dada suelta o en bloques, o mezclada con la ración. En la mayoría de los sistemas primitivos se da suelta, preferiblemente en una mezcla mineral que ingieren a voluntad. Si no se incluye en la alimentación como parte de una mezcla mineral, debe usarse sal mineralizada o al menos sal yodada. Debe ser incluida en la alimentación diaria o tan frecuentemente como sea posible. Pueden surgir problemas de salud si a los cerdos les falta la sal por mucho tiempo. También, cuando vuelven a tenerla, pueden comer demasiada sal con graves consecuencias si han estado sin ella por mucho tiempo. La sal o las mezclas minerales deben tenerse cubiertas para protegerlas de la lluvia. *El agua que contiene altos niveles de sal puede ser tóxica para los cerdos.* Si la sal se usa como una ración completa sin una fuente de carbohidrato de grano y proteínas, debe ser usada en una proporción de 0,5%, igual a 224 g. en 45 kg. de alimento o 4,5kg en 900 Kg (una tonelada) de alimento. Si la usa de esta manera, no dé otra sal. Los animales deben siempre tener acceso a abundante agua fresca. Los cerdos con una dieta de alimento completo con sal como un ingrediente deben disponer constantemente de agua o por lo general se enfermarán.

Los cerdos con carencia de sal en su dieta lamerán maderas, postes y otros objetos buscando sal. Por lo general su salud no es buena y su ritmo de crecimiento se ve afectado.

Otras deficiencias de minerales, según su gravedad, pueden causar una variedad de problemas de salud, reproductivos y de crecimiento.

Yodo:

Dado que el yodo es tan importante y puede haber disponibilidad de sal yodada o mineralizada, se ofrece la siguiente información.

Fuentes de yodo para mezclar con sal

Yoduro de potasio Yoduro de sodio Yoduro de calcio	(muy disponible al ganado pero se filtra o evapora en bloques de sal)
	El ortoperiodate de pentacalcio (OPPC) es igual que el anterior en cuanto a disponibilidad pero no se pierde tan rápidamente en los bloques. Se consume cuando se ha expuesto a la lluvia.
	EDDI (etilendiamina dihidrodida)— También provechoso para el ganado. Menos problemas con la humedad.

El yoduro de potasio es menos deseable por los problemas de humedad, pero se dispone de él con frecuencia, aun en regiones remotas. Las farmacias con frecuencia lo tienen o lo pueden ordenar; también puede probar usted las compañías que suministran productos químicos.

EDDI es una preparación que contiene yodo con el que se alimenta a las vacas. Puede estar disponible por medio de distribuidores de alimentos para animales o posiblemente por medio de ganaderos. No es un producto caro. Por la muy pequeña cantidad usada, se puede justificar el gasto. Su ventaja es su tolerancia a la humedad.

La siguiente tabla da una lista de preparaciones que contienen yodo y las cantidades a usar al mezclarlas con sal.

	Cantidad de producto para agregar a la sal a fin de proveer 0,007% de yodo		
	%	1 mg/Kg	g/145 Kg
Yoduro de potasio	76	92	4,2
Yoduro de calcio	65	108	4,9
Yoduro de sodio	85	82	3,7
EDDI	79	87	3,9
PCOP	26	270	12,3

Conversiones:
1 onza = 28,35 gramos
1 gramo = ,03527 onzas
1 kilo = 2,2 libras
1 libra = ,454 kilos

En áreas en que se sabe que hay deficiencia de yodo, especialmente si se ven bocios, la cantidad de yodo puede duplicarse y aun triplicarse en la sal. La cantidad mayor puede resultar más fácil de mezclar.

Nota 1: El yodo o minerales que son oligoelementos pueden ser mezclados con sal en envases pequeños, pero el factor de alta dilución lo hace muy difícil. Tome un tambor de 200 litros, inserte una varilla de acero por el centro, en ángulo y colóquele una manija. Suspendido sobre un armazón de la varilla, constituye un mezclador adecuado. Es bueno especialmente para mezclar pequeñas cantidades de alimento y mezclas de minerales. (Vea el dibujo en la sección sobre Edificios y equipo.)

Precaución: Los envases usados antes para gasolina y aceite por lo general no representan ningún peligro, si se los limpia bien con agua y jabón o al vapor. Nunca se arriesgue con un envase que puede haber contenido productos químicos venenosos. No pueden ser limpiados lo suficiente como para ser seguros.

Nota 2: Si no hay otro modo de proveer yodo, puede conseguirse disolviendo 28 g de yoduro de potasio en 3,8 L de agua. Dar a cada hembra una cucharada (15 ml) de la solución en su alimento una vez por semana. *Esto se usa como último recurso únicamente en áreas conocidas por su deficiencia de yodo. ¡Evite las sobredosis!*

La deficiencia de yodo en los cerdos se nota por los bocios (glándulas muy hinchadas en la garganta debajo de las orejas) en los recién nacidos y lechoncitos sin pelo. Los animales no crecen ni se reproducen bien.

El selenio es una mineral que los animales necesitan, pero en cantidades extremadamente pequeñas. Hay carencia en la mayoría de las llanuras cerca de las costas, en los valles con ríos que se inundan y en la mayoría de las regiones muy lluviosas. La sal mineralizada contiene frecuentemente selenio, y sería lo preferible si se consigue.

V. Agua:

El agua es el nutriente más importante requerido por los cerdos, no obstante es uno de los aspectos más descuidados de la producción porcina.

Dado que el agua es tan importante, se ofrece la siguiente tabla como información. Según su tamaño, los cerdos requieren una cantidad sorprendente de agua.

Peso del cerdo	Cantidad de agua para tomar por día
22,5 kg	Hasta 3,8 L
45 kg	5,7 L
67,5 kg	7,6 L
90 kg	9,5 L
112,5 kg	11,4 L
Cerda preñada	15,2 L
Cerda lactante-con cría que amamanta (la leche es 80% agua)	22,8 L
Lechón destetando	1,9 L

En tiempo extremadamente caluroso, pueden necesitar aún más agua. Si es posible, los cerdos deben tener agua constantemente o varias veces al día. Los cerdos a los que se les da agua fresca en lugar de agua del suelo, o de lagunas o arroyos, tendrán menos problemas de parásitos y enfermedades.

Pero, sea cual fuere su origen, debe estar disponible con frecuencia. En la sección sobre Edificios y equipo aparecen muestras de bebederos caseros económicos y otros envases adecuados para el agua. Sorprende saber que los cerdos prefieren agua fresca limpia al agua sucia del suelo.

VI. Métodos para alimentar cerdos

Los cerdos pueden ser alimentados de varias maneras. El granjero puede combinar los métodos para adecuarlos a su situación. Por ejemplo, puede darles manualmente una cantidad limitada de proteínas y granos, y pastorearlos en forraje de buena calidad.

A. Auto alimentación: Esto requiere un comedero en que se coloca alimento y se deja que los cerdos coman cuando quieren. Esto se hace generalmente donde se da de comer a grupos más grandes de animales en crecimiento. No se debe dejar que las cerdas preñadas se alimenten solas; engordarán demasiado y tendrán dificultades de parto y de producción de leche. El que los cerdos coman cuando quieren no es práctico en la mayoría de las situaciones primitivas o donde se alimenta a pocos animales. Su ventaja es que da menos trabajo. En la sección sobre Edificios y equipo hay un dibujo de un comedero para que se alimenten ellos mismos.

B. Alimentación manual: Esto se realiza con pequeños grupos donde se quiere limitar la alimentación a las cerdas madres. Se dan pequeñas cantidades una o más veces por día, en comederos u otros envases. No se les da a los animales más que la cantidad que consumen en ese momento. Se desperdicia mucho menos y el ambiente es más sano cuando el alimento se coloca en comederos u otros recipientes en lugar de ponerlo en el suelo. La alimentación a mano lleva más tiempo y trabajo que la auto alimentación, pero no equipo caro. Éste es el método más común de alimentar en criaderos pequeños y bajo condiciones primitivas.

C. Espigar: Este es un modo bueno y sencillo de engordar animales. Después de la cosecha se suelta a los cerdos para que espiguen los restos de grano, arroz, chícharos (arvejas), alubias y otras cosechas. Los rastrojos y otras sobras pueden ser suficientes por sí solos pero, por lo general, se necesitan proteínas extra. Espigar es bueno para cerdas preñadas. Los animales menores de 3 meses no se benefician de los rastrojos. En la mayoría de los casos, las cerdas lactantes necesitan granos y proteínas adicionales. Este método de alimentar ahorra tiempo y debe ser usado en casi todas las circunstancias, después de la cosecha.

Es un método en que los cerdos aprovechan comida que de otra manera se perdería.

D. Desmoche (poda) porcino: Esto es similar a espigar. Es una manera de dejar que los cerdos cosechen su propio alimento. Ahorra trabajo, pero no es tan eficiente como otros métodos porque se pierde algo del alimento. Este método puede ser usado en casi cualquier cultivo menos soja. Debe agregarse proteínas, a menos que los animales estén en una dieta de chauchas (ejotes) o chícharos (arvejas), que contienen proteínas adecuadas. Las cerdas y animales de engorde mayores de 3 meses prosperan. Los animales más jóvenes no prosperan tanto. Hay menos desperdicio de alimento si se usa un área pequeña hasta que se haya acabado el alimento, y luego se usa otra área. Los animales más pequeños con frecuencia no pueden alcanzar el alimento. Debe haber en el grupo uno o más cerdos mayores para ayudar a desbaratar las plantas. Siempre debe haber agua cerca para los animales que espigan o desmochan cultivos.

La ventaja de desmochar los cultivos es que ahorra trabajo. En la mayoría de los casos, la pérdida de alimento es demasiado grande para justificar su uso.

E. Pastoreo: Como ya se ha mencionado, esto es bueno para todas las edades, especialmente para cerdas preñadas y lactantes y para cerdos pequeños. Si abunda forraje, esto es lo mejor, pero puede ser derrochador. Los animales pueden dañar mucho el alimento. En muchos casos es mejor cortarlo y llevárselo a los animales. Los animales que pastorean se benefician del sol y del ejercicio, además de cantidades moderadas de carbohidratos y proteínas, al igual que de vitaminas y minerales.

Las cerdas preñadas y en especial las que amamantan, necesitan granos y proteínas adicionales.

F. Forraje seco-paja: Este es un método por el cual el exceso de forraje se preserva secándolo para usar más adelante. Esto empareja la comida disponible entre temporadas buenas y malas de cultivo. Ahorra en el costo de ingredientes comprados. Aunque no usan eficientemente el forraje seco, como los rumiantes, los cerdos mayores lo pueden usar para extender el rendimiento de los alimentos que son fuente de carbohidratos de grano y proteínas. Contiene minerales y vitaminas. El forraje debe ser cortado para paja en la época de máximo crecimiento, pero mientras todavía está tierno y verde. Debe ser secado lo más rápido posible. Esto con frecuencia significa que tiene que ser protegido de lluvias diarias, y luego puesto a la intemperie cuando hay sol o secado bajo cobertizos.

Cuando se usa el forraje seco la paja debe ser molida o triturada para ser mejor digerida por los cerdos.

G. Alimentación gradual: Este es un método que provee a cerdos lactantes alimento que no es accesible a la madre. Es un método que presenta a los lactantes comida sólida y reduce mucho el shock del destete. La producción de leche de la cerda empieza a menguar cuando la cría tiene aproximadamente 3 semanas. Alimentación gradual ayuda a compensar el flujo decreciente de leche y ayuda a los cerdos a crecer con más rapidez. Se coloca un comedero u otro envase pequeño y poco profundo en un lugar cerrado pequeño con una abertura de un tamaño que sólo permita el paso de la cría. *Vea el dibujo en la sección sobre Edificios y equipo.*

El alimento finamente molido, mezclado con leche, debe ser dado a la cría en el área donde se coloca el alimento gradual, empezando a las 2-3 semanas de edad. Cuando los lechones están comiendo bien, la leche no es necesaria, pero es todavía de mucho provecho si se consigue. Pueden usar sobras de pan en lugar de alimento molido. No deje que la leche se eche a perder; puede enfermar a los cerdos. Si se les da leche, limpie los comederos con frecuencia. Hay más información en la sección sobre *Manejo de lechoncitos* y muestras de raciones 1-3 al final de la sección sobre Nutrición.

Preparación de alimento para cerdos:

1. Moler (o triturar) granos pequeños, como trigo, avena, cebada y sorgos y mijo es casi indispensable para la crianza eficiente del ganado porcino. Los lechoncitos requieren granos molidos. El maíz puede ser usado entero para animales mayores, pero tiene que ser molido para los lechoncitos. Otros granos pueden ser usados enteros, pero no tan eficientemente. Morteros son los que con más frecuencia se usan para moler, pero quizá no se disponga de ellos en muchas áreas. En muchas áreas se pueden conseguir molinillos manuales, pequeños y portátiles que se usan para hacer harina de maíz o trigo. Son lentos pero satisfactorios. En situaciones muy primitivas, puede usarse un mortero y mano cuando hay pocas cerdas y lechoncitos.

2. Remojar es una manera inadecuada de moler granos pequeños para hacerlos más digeribles. No es tan bueno como molerlos. El grano se coloca en agua limpia en un recipiente y se da de comer después de 24 horas de remojo. El alimento remojado más de un día puede fermentarse y causar problemas.

3. Cocer granos y forrajes: Esto no los hace más digeribles y no se recomienda. No obstante, los productos derivados del arroz necesitan ser cocidos.

4. Cocer papas, frijoles y chícharos (arvejas): Esto aumenta el valor nutritivo y es recomendable. Las papas pueden cocinarse con calor seco, o al vapor, o hervirse. Luego deben ser cortadas en trozos pequeños o trituradas hasta tener un puré. El frijol debe cocinarse al vapor o hervirse para quitarle lo amargo. Es más digerible si se muele o tritura antes de darlo de comer. La soja tiene que estar bien cocida.

5. Moler o picar paja o vegetación seca mejora el aprovechamiento por parte de los cerdos y debe hacerse.

6. Cortar fruta y verduras en trozos pequeños evita que se atraganten y aumenta el consumo de alimento.

Dar de comer una ración balanceada:

Los cerdos requieren una ración balanceada para tener buena salud, crecimiento y reproducción. Cotidianamente, o lo más frecuentemente posible, se les debe dar las siguientes categorías de alimentos.

A. Alimentos con carbohidratos de granos o substitutos de granos.

B. Alimentos de proteína, vegetal y/o animal.

C. Alimentos con minerales y sal preferiblemente para comer a voluntad.

D. Alimentos con vitaminas por lo general forraje verde.

E. Agua adecuada todo el tiempo.

Una explicación muy detallada de raciones balanceadas para cerdos escapa a lo que se puede incluir en este libro. No obstante, las siguientes pautas pueden ser de mucha ayuda.

1. Generalmente la dieta de los cerdos contiene alrededor de 75-80% de carbohidratos provenientes de granos (o sustitutos de granos) y 20-25% de alimentos con proteínas, con minerales y sal incluidos para comer a voluntad o mezclados con el alimento. Se recomienda el forraje verde por pastoreo o llevado a los animales, o como paja seca.

2. En la mayoría de las situaciones primitivas el pastoreo por necesidad remplazará a muchos de los alimentos de carbohidrato de granos y proteínas. El crecimiento y la reproducción se verán afectados al darles de comer mayores cantidades.

3. Los alimentos sustitutos de grano pueden reemplazar, en caso de necesidad, mucho del grano en la ración. Lo repetimos, al hacerlo se sacrifica el crecimiento y reproducción rápidos, y no es tan eficiente.

4. Se debe dar a las cerdas lactantes y a las camadas alimentos de mejor calidad (más granos y proteínas).

5. Los alimentos de menor calidad pueden ser usados con menos problemas con animales más grandes en crecimiento.

6. Los alimentos que son fuente de proteínas no deben constituir más del 1/3 de la dieta.

7. Los granos usados comúnmente: maíz, avena, trigo, cebada, centeno y sorgo contienen alrededor de 7-8% de proteínas. No obstante, esto no es suficiente para que los cerdos prosperen sin darles al menos algo de proteína adicional.

Los granos, sin proteínas adicionales pueden darse a animales más grandes que están creciendo, con la única consecuencia de que el crecimiento será más lento. No obstante, se les debe proveer vitaminas y minerales. Los granos más un pastoreo de buena calidad son frecuentemente satisfactorios para animales grandes en crecimiento, con la salvedad de que su crecimiento es un poco más lento. Los granos solos no son adecuados para cerdas lactantes. Los granos con un pastoreo de buena calidad es mejor, pero necesitan proteínas adicionales. Se les debe dar vitaminas y minerales.

8. Las frutas y verduras no deben constituir más de la tercera parte a la mitad del total de la dieta. No obstante, las condiciones muchas veces dictan la necesidad de usarlas más. Las cantidades mayores serían mejor aprovechadas por los animales más grandes en crecimiento, más bien que por las cerdas madres y las crías.

Vea otras notas sobre alimentación en la sección sobre Administración.

Precaución: Evite cambios súbitos en el tipo (fuente) y cantidad de cada ingrediente en la ración. Pueden ocurrir problemas digestivos y otros problemas de salud serios.

Las cerdas preñadas y las lactantes y las crías son especialmente sensibles a cambios súbitos en la dieta.

A fin de prevenir problemas, agregue gradualmente ingredientes nuevos, o aumente los ingredientes regulares en pequeñas cantidades durante varios días.

Alimentación de las cerdas preñadas

Las cerdas preñadas deben aumentar entre 18-34 Kg entre el tiempo de concepción y de parto. Esto variará según su tamaño y su condición (cantidad de gordura en el cuerpo) al quedar preñada. Si es demasiado gorda o demasiado flaca en el tiempo de parir, con frecuencia tiene problemas de parto.

No producirá suficiente leche. Aunque un buen pastoreo suplirá parte de sus necesidades de carbohidratos y proteínas, todavía necesita por día al menos 0,112-0,224 Kg de otras proteínas, y algo de granos o sustitutos de granos a fin de producir cerdos normales y buena leche.

Alimentación de cerdas lactantes

A las cerdas se les debe dar alimento aumentando las cantidades gradualmente desde el día después del parto hasta alcanzar la cantidad normal, alrededor de 10-14 días después de tener cría. Si es posible se le debe dar alimentos de 80% grano y 20% proteínas, o lo más aproximado a esto posible, empezando con 450-900 g por día y aumentándolos 450 g por día hasta llegar a la cantidad normal, (todo lo que coma diariamente). Las cerdas madres que se alimentan demasiado los primeros días después del parto pueden producir demasiada leche y causar problemas digestivos en la camada. El pastoreo de buena calidad es de gran ayuda para la cerda lactante, y puede remplazar parte de los alimentos que son fuente de granos-proteínas. Se recomienda para la mayoría de los sistemas primitivos de producción. No obstante, a fin de producir leche adecuada, necesita alimento agregado de granos y proteínas. Aun en pequeñas cantidades, son muy provechosos. Nunca deje que la cerda lactante y las crías usen terrenos y pasturas viejos contaminados. Esto ayuda a prevenir problemas de lombrices.

Las frutas y verduras, con la excepción de unas pocas, como bananas, zapallo, coco y fruta del "árbol del pan", no tienen suficiente valor alimenticio para dar a cerdas lactantes, excepto en pequeñas cantidades y en casos de emergencia. Para lactar bien, necesita contar con agua fresca constantemente. Recuerde que la cerda lactante está en un período muy estresante en lo que a nutrición se refiere. ¡Actúe con inteligencia! Alrededor de una semana antes del destete, reduzca gradualmente la ración de la cerda para reducir su producción de leche. Esto ayudará a secarle la leche y reducir la posibilidad de lesiones en las ubres (tetas) y mastitis (infección de las ubres).

Alimentación de las crías

A las 2-3 semanas los lechoncitos comerán un poco de grano. Lo aceptarán mejor si se muele y mezcla con leche. Los sobrantes de pan remojados en leche dan buenos resultados. El alimento debe colocarse en un lugar especial para darles alimento gradual, como ya se ha descrito. Al crecer y acercarse al tiempo de destete, deben recibir pequeñas cantidades de proteínas. La leche no es necesaria en el alimento después de que los lechones están comiendo bien pero, si abunda, debe seguir dándose. Déles a los lechones sólo lo que consumen por día, el alimento se echa a perder pronto.

El alimento gradual es apto para los sistemas primitivos de producción porcina. De hecho, es una de las prácticas de manejo más recomendadas en la crianza de cerdos saludables. El área debe estar localizado en un sector conveniente para los lechoncitos, preferiblemente cerca de su cobertizo y del agua. *Vea dibujos en la sección sobre Edificios y equipo.*

La alimentación del cerdo en crecimiento-acabado

Ésta es la edad entre el destete y el matadero o la carneada en casa. Merece una consideración especial porque un gran porcentaje del alimento es usado durante esta etapa. Es una etapa en la vida del cerdo cuando tenemos muchas opciones a considerar al alimentarlo. Como se ha mencionado anteriormente con respecto a la alimentación de cerdos de otras edades, lo preferible es una ración basada en alimentos de 75-80% de carbohidratos de granos y 20-25% de proteínas, con sal y minerales y forraje verde (o seco). Los cerdos de esta edad tienen menos necesidades alimenticias críticas que las cerdas preñadas o lactantes y las crías. Aunque el crecimiento será más lento y pueden ocurrir problemas de salud, esta es la edad cuando con más frecuencia se alimentan de sustitutos de carbohidratos de grano y desechos.

Puede alimentarse a los cerdos de esta edad con las frutas y verduras sobrantes o económicas en mayor cantidad.

En casi todas las situaciones primitivas, los cerdos en esta etapa deben pastorear en algún tipo de forraje verde, o se les debe llevar. El forraje de buena cualidad puede cubrir bien las deficiencias que de otra manera ocurririan si no se les diera una dieta balanceada.

Muestras de raciones

Bajo sistemas primitivos de producción habrá pocas ocasiones en que se los alimente con raciones completas usando ingredientes del suelo. No obstante, puede haber circunstancias en que esta información sea útil. A continuación aparecen varias muestras de raciones. Hay muchas otras que se pueden usar, basadas en otros ingredientes mencionados anteriormente.

1. **Muestra de ración No. 1: Alimento gradual para crías nuevas**

33,75 kg maíz	—molido finamente
11,25 kg harina de proteínas	— preferiblemente en parte o toda de animal o pescado.
0,225 kg	— sal mineral
0,225 kg	— piedra caliza molida
0,225 kg	— harina de hueso al vapor o fosfato dicálcico o fosfato de piedra sin fluoruro

Esta es una ración muy sencilla pero adecuada.

2. **Muestra de ración No. 2: Alimento gradual para crías nuevas**

26 kg	— maíz molido finamente
10 kg	— harina de soja o de otra harina de semilla oleosa
2,25 kg	— harina de atún u otro pescado
1,38 kg	— trigo revuelto con salvado
4,5 kg	— melaza o azúcar
0,225 kg	— sal mineral
0,225 kg	— piedra caliza molida
0,225 kg	— harina de hueso al vapor o fosfato dicálcico o fosfato de piedra sin fluoruro

3. **Muestra de ración No. 3: Alimento gradual para crías nuevas**

27 kg	— maíz molido finamente
9 kg	— harina de soja
2,25 kg	— leche en polvo descremada, sustituto de leche o mezcle otros ingredientes en la leche
6,75 kg	— azúcar o melaza
0,225 kg	— sal mineral
0,225 kg	— piedra caliza molida
0,225 kg	— harina de hueso al vapor o fosfato dicálcico o fosfato de piedra sin fluoruro

En todas las raciones de alimento gradual, se puede sustituir el maíz por trigo o avena sin problemas. Otros granos, como cebada, centeno y sorgo no son buenos para las raciones de las crías nuevas, pero pueden ser usados si se dispone de ellos y son molidos finamente.

4. Muestra de ración No. 4: Ración para cerdas preñadas alimentadas a mano

35,5 kg	— granos
8 kg	— harina de soja
0,45 kg	— piedra caliza molida o cáscara de moluscos finamente molida
0,45 kg	— harina de hueso al vapor o fosfato dicálcico o fosfato de piedra sin fluoruro
0,34 kg	— piedra caliza molida y caparazones de moluscos finamente molidos

Este es un ejemplo de una ración sencilla de harina de granos-soja.

5. Muestra de ración No. 5: Ración para cerdas preñadas alimentadas a mano

37,23 kg	— granos
3,63 kg	— harina de soja
3,18 kg	— harina de pescado
	— Minerales y sal, igual a la ración No. 4

6. Muestra de ración No. 6: Ración para cerdas preñadas alimentadas a mano

10,90 kg	— granos
9,08 kg	— melaza
11,35 kg	— salvado de piña
2,27 kg	— grasa
7,70 kg	— harina de soja
3,18 kg	— harina de pescado
0,225 kg	— harina de hueso al vapor
0,225 kg	— sal mineralizada

7. Muestra de ración No. 7: Ración para cerdas lactantes

35,41 kg	— granos
8,63 kg	— harina de soja
0,225 kg	— sal mineralizada
0,45 kg	— harina de hueso al vapor o fosfato de piedra sin fluoruro o fosfato dicálcico
0,45 kg	— piedra caliza molida

8. Muestra de ración No. 8: Ración para cerdas lactantes

37,23 kg	— granos
5,0 kg	— harina de soja
2,27 kg	— harina de pescado
0,225 kg	— sal mineralizada
0,225 kg	— harina de hueso al vapor o fosfato de

	piedra sin fluoruro o fosfato dicálcico
0,225 kg	— piedra caliza molida y caparazones de moluscos finamente molidos

9. Muestra de ración No. 9: Ración para cerdas lactantes

25,88 kg	— granos
9,08 kg	— melaza
6,81 kg	— harina de soja
1,82 kg	— harina de pescado
0,91 kg	— carne y harina de hueso
0,225 kg	— piedra caliza molida y caparazones de moluscos finamente molidos

10. Muestra de ración No. 10: Ración para etapa de crecimiento baja en proteínas

39,50 kg	— granos
4,54 kg	— harina de soja

11. Muestra de ración No. 11: Ración para etapa de crecimiento mediana en proteínas

27 kg	— granos
5,4 kg	— harina de soja
1,8 kg	— harina de pescado
0,9 kg	— carne y harina de hueso
9,0 kg	— melaza
0,225 kg	— sal mineralizada
0,113 kg	— piedra caliza molida o caparazones de moluscos finamente molidos
0,113 kg	— harina de hueso al vapor, fosfato dicálcico o fosfato de piedra sin fluoruro

Esta ración es más compleja ya que incorpora varias fuentes de proteínas.

12. Muestra de ración No. 12: Ración para la etapa crecimiento-acabado, abundante en proteínas

27,5 kg	— granos
7,7 kg	— harina de soja
1,6 kg	— harina de pescado o atún
1,1 kg	— harina de carne-hueso
6,8 kg	— melaza
0,225 kg	— sal mineralizada o yodada

13. Muestra de ración No. 13: Ración para la etapa crecimiento-acabado

13,50 kg	— harina de soja
2,25 kg	— harina de atún o pescado

21,80 kg	— melaza
4,50 kg	— pulpa de bagazo
2,25 kg	— aceite vegetal u otra grasa comestible
0,225 kg	— sal mineral o yodada
0,225 kg	— harina de hueso al vapor o fosfato de piedra sin fluoruro o fosfato dicálcico

Notas especiales:

1. Donde los minerales se dan para comer a voluntad puede eliminarlos de las raciones descritas.
2. Estas raciones están basadas en la presuposición de que los animales pastorean o se las está llevando el forraje verde a mano o paja de buena calidad.
3. Por lo general, los alimentos de proteínas de animales peces y de plantas pueden ser intercambiados en las raciones, con poco o nada de adaptaciones. Los animales crecen y se reproducen mejor y más sanos cuando se alimentan de un poco de cada una. Cuando se sustituyen las proteínas de procedencia animal o de pescado por proteínas de procedencia vegetal, se necesita menos cantidad, un 10-20% menos.
4. Soja cocida (preferiblemente al calor seco), triturada o molida puede ser sustituida por harina de soja en estas muestras de fórmulas. Debe utilizarse en una cantidad un poquito mayor: alrededor de 20% más que la harina de soja. La grasa adicional en la soja cocida ayuda a las cerdas madres a producir más leche. Ayudaría a balancear una ración que es deficiente en carbohidratos de granos. Dado que la soja puede ser cultivada en muchas áreas y requiere muy poco fertilizante comercial; sería buena idea cultivarla y cocerla en casa como alimento para los cerdos.

Precaución: Dado que la soja cocida contiene más grasa, las raciones hechas de ella pueden echarse a perder con más rapidez. La ración debe prepararse con frecuencia y en pequeñas cantidades.

Existen muchas otras fuentes potenciales de alimentos para cerdos. Un poco de imaginación y unos pocos pesos invertidos en experimentos a pequeña escala podrían significar un adelanto de gran importancia en su región. El autor apreciaría recibir información sobre otros alimentos para cerdos.

Sección III

Prácticas de manejo

Reproducción

Cubre prácticas de manejo desde
la concepción hasta el parto inclusive

A. Selección de hembras jóvenes para la reproducción de animales.
Busque lo siguiente:

1. Seleccione hembras de las mejores madres lecheras.
2. Seleccione hembras que vienen de las camadas más numerosas.
3. Seleccione las hembras más grandes, de más rápido crecimiento de la camada.
4. Seleccione hembras sin defectos obvios como hernias, cojera y otros problemas físicos.
5. Hembras con al menos 10 tetas bien desarrolladas, bien espaciadas (preferiblemente 12 tetas). Ninguna de las tetas debe estar retraída (tetas que no funcionan), a diferencia de las tetas normales.
6. Ser del tipo físico que se desea.
   a. Animales de tipo bajo, de engorde, si hay demanda de grasa para cocinar.
   b. Animales de tipo largo, sin gordura y musculares si hay mucha demanda de carne magra.
   c. En la mayoría de las situaciones, el tipo físico preferible es una combinación de los primeros dos tipos.
7. Adquiera cerdas de hatos con los menos problemas de salud y enfermedades posibles. Adquiera hembras vírgenes que nunca se han apareado con un macho. Esto reduce grandemente la posibilidad de que introduzca una de las enfermedades que causan problemas reproductivos.

B. Selección de verracos para la reproducción de animales

1. Debe tener el aspecto masculino, fuerte, de un macho.
2. Sin hernias, cojera u otros defectos físicos.
3. Dos testículos grandes, bien formados.
4. Proveniente de una camada numerosa.
5. Los de más rápido crecimiento de la camada.
6. No pariente de las hembras preferiblemente de un hato distinto de las hembras.
7. De hatos tan libres de enfermedades como sea posible.
8. Del tipo físico que se prefiere al seleccionar la hembra.
9. Preferiblemente de otros hatos para beneficiarse de la cruza.

Si no cuenta con machos de calidad en las zonas cercanas, puede ser necesario que los busque en otras partes. En la mayoría de los países hay hatos con animales de excelente calidad reproductora. El costo elevado de estos animales y los problemas de transporte, pueden hacer que sea imposible que la mayoría de las granjas pequeñas los obtengan. Existen fundaciones y organizaciones que pueden ayudar, como el Heifer Project en Little Rock, Arkansas, EE.UU al igual que grupos eclesiásticos. Los cerdos verracos procedentes de un padre de alta calidad pueden entonces introducirse en otros hatos y mejorarlos.

Un buen macho puede ayudar genéticamente, tanto como muchas hembras, a un costo mucho menor.

Compre siempre *verracos vírgenes*. Esto reduce mucho la posibilidad de introducir enfermedades. Esto se aplica especialmente si compra animales más costosos.

Considere análisis de sangre de los animales que se compran como reproductores. Siempre es una buena idea comprar hembras y verracos vírgenes, de hatos sin problemas de salud hasta donde pueda saberse. Una garantía aún mejor sería hacer análisis de sangre para detectar enfermedades, como brucelosis. Pero esto es posible únicamente donde cuentan con un veterinario en la zona.

C. Fisiología de la reproducción porcina —Un conocimiento

Los cerdos no son reproductores que dependen de las estaciones del año. Esto significa que su ciclo reproductivo no se ve afectado directamente por las estaciones. No obstante, en regiones de invierno y verano más extremos, frecuentemente tienden a reproducirse más en la primavera y en el otoño en temperaturas más templadas. Por lo general, la hembra virgen desde su primer celo (estro), o la madre después del destete de su cría, seguirá su ciclo de celo regularmente hasta que queda preñada, o está amamantando lechoncitos o desarrolla problemas de salud.

1. Celo (estro) — El período de 2 a 3 días en que la hembra acepta aparearse con el macho. Se nota como una hinchazón de la vulva (genital femenina externa) y un súbito interés por parte del macho. Es el único periodo en que la hembra acepta al macho.

2. Ciclo del celo (Ciclo del estro) — El intervalo entre los periodos de celo (estro). Promedia 19-21 días, pero puede variar un día o dos.

3. Ovulación — Esta es la liberación del óvulo (huevo) del ovario (glándulas sexuales femeninas) para que pueda ser fertilizado por el esperma masculino. La ovulación por lo general ocurre el segundo día de celo. Este día y el siguiente es cuando debe ocurrir el apareamiento a fin de tener la mejor concepción (fertilización del óvulo por el esperma).

4. Concepción — Es la fertilización del óvulo por el esperma luego del apareamiento.

5. Pubertad femenina — Éste es el momento del primer periodo de celo y el primer deseo de aparearse con un macho. Varía según la raza, el tamaño, las condiciones alimenticias, otros factores relacionados con su salud y por el clima. Puede ocurrir tan temprano como a los 6 a 7 meses, o tan tarde como un año.

6. Pubertad masculina — Este es el momento de su primer deseo o habilidad de aparearse con la hembra. Por lo general ocurre más o menos un mes antes que la hembra, pero varía según los mismos factores.

Métodos de apareamiento

Hay dos métodos de apareamiento: apareamiento manual y apareamiento de corral.

1. En el apareamiento manual se mantiene al macho separado de las hembras. Cuando se nota que la hembra está en celo se la lleva al macho para aparearse. Las ventajas de esto son que el macho puede servir a más hembras y no permanece con las hembras preñadas. (Existe el peligro que el macho lastime a las hembras si se deja con ellas.) La desventaja es que alguien tiene que observar cuidadosamente a las hembras todos los días para detectar el momento de celo y da más trabajo trasladar a la hembra para ser apareada. Se requiere alguien con experiencia en observar el celo.

2. En el apareamiento de corral el macho se queda con las hembras hasta que el porcicultor esté seguro de que las hembras hayan concebido. La ventaja es que el macho encontrará a la hembra en celo y no se tiene el trabajo de trasladar a la hembra. La desventaja es que el macho puede lastimar a las hembras preñadas y que no puede servir a tantas hembras. Este, por su simplicidad, es el método usado por lo general en sistemas primitivos. Si una piara tiene éxito y crece con sólo unas cuantas hembras y un macho, entonces se usa el apareamiento manual.

Edad para aparear por primera vez a las hembras

Como se ha mencionado anteriormente en las notas sobre pubertad, la edad del primer celo varía por muchos factores. Es raro aparear vírgenes de menos de 8 meses. Algunas llegan al celo antes, pero a menos que hayan crecido todo lo que crecerán, no deben ser apareadas hasta los 8 meses. En la mayoría de las situaciones primitivas las hembras vírgenes crecen lentamente y llegan a la pubertad más tarde y son apareadas más tarde.

Las hembras vírgenes apareadas cuando son demasiado pequeñas, no crecen hasta lograr un tamaño normal y con frecuencia tienen dificultades en el momento de parir.

Edad para aparear por primera vez a los machos

Los machos jóvenes por lo general no aparean hasta los 8-10 meses. Los que llegan a la pubertad antes pueden aparearse ocasionalmente, pero el tamaño de la camada con frecuencia es pequeño y la concepción es deficiente.

Época del año para aparear las hembras

Sin intervención, los cerdos aparean todo el año. Donde hay estaciones marcadas tienden más a tener cría en la primavera y el otoño. Dado que la supervivencia de la camada es mejor en condiciones climáticas menos severas, es buena idea aparear a las hembras para que tengan su cría durante estas épocas. En regiones donde llueve mucho en una temporada, es buena idea evitar el apareamiento entonces. En regiones con pocos cambios de estaciones, la época del año para el apareamiento no tendría importancia a menos que haya otros factores, como ser, una temporada de demanda en el mercado o problemas de transporte. La disponibilidad de alimento adecuado durante la gestación y lactancia podría ser un factor.

Estado de celo para aparear hembras

El mejor momento para aparear las hembras es el segundo día de celo. Si todavía está en celo el tercer día, vuelva a aparearla. La concepción es mucho mejor con dos apareamientos. Es claro que cuando el macho está suelto con las hembras por lo general las aparea varias veces.

Apareamiento de hembras después del destete

Por lo general las cerdas entran en celo 3-7 días después de que la cría ha sido destetada, y son apareadas en ese momento. Si están demasiado flacas, no deben ser apareadas en el primer celo. Necesitan tiempo para engordar algo antes de ser apareadas. A veces, la hembra entra en celo cuando su camada tiene 2-3 semanas y todavía está lactando. No deben ser apareadas en este celo.

Duración de la preñez (gestación de los cerdos)

La gestación en los cerdos es de un promedio de 114 días, con una variación de hasta 3-4 días antes o después. Una manera fácil de recordarlo es: "3 meses, 3 semanas y 3 días". Por ejemplo, una hembra apareada el 1 de enero tendrá su cría alrededor del 24 de abril. Es importante mantener un buen registro de los apareamientos a fin de brindar a la hembra algo de cuidado especial la semana antes del parto.

Tabla de gestación
Fechas de apareamiento y parto de cerdas
(Basadas en un periodo de gestación de 114 días)

Apareada	Fecha de parto	Apareada	Fecha de parto	Apareada	Fecha de parto
Ene. 1.......	Abr.25	Feb. 1.......	Mayo 26	Mar. 1.....	Junio 23
Ene. 5.......	Abr.29	Feb. 5.......	Mayo 30	Mar. 5.....	Junio 27
Ene. 10.....	Mayo 4	Feb. 10.....	Junio 4	Mar. 10.....	Julio 2
Ene. 15.....	Mayo 9	Feb. 15.....	Junio 9	Mar. 15.....	Julio 7
Ene. 20.....	Mayo 14	Feb. 20.....	Junio 14	Mar. 20.....	Julio 12
Ene. 25.....	Mayo 19	Feb. 25.....	Junio 19	Mar. 25.....	Julio 17
Ene. 30.....	Mayo 24	Feb. 28.....	Junio 22	Mar. 30.....	Julio 22

Apareada	Fecha de parto	Apareada	Fecha de parto	Apareada	Fecha de parto
Abr. 1......	Julio 24	Jul. 1...........	Oct. 23	Oct. 1..........	Ene. 23
Abr. 5......	Julio 28	Jul. 5...........	Oct. 27	Oct. 5..........	Ene. 27
Abr. 10......	Ago. 2	Jul. 10.........	Nov. 1	Oct. 10.........	Feb. 1
Abr. 15......	Ago. 7	Jul. 15.........	Nov. 6	Oct. 15.........	Feb. 6
Abr. 20......	Ago. 12	Jul. 20.........	Nov. 11	Oct. 20.........	Feb. 11
Abr. 25......	Ago. 17	Jul. 25.........	Nov. 16	Oct. 25.........	Feb. 16
Abr. 30......	Ago. 22	Jul. 30.........	Nov. 21	Oct. 30.........	Feb. 21
May. 1......	Ago. 23	Ago. 1..........	Nov. 23	Nov. 1..........	Feb. 23
May. 5......	Ago. 27	Ago. 5..........	Nov. 27	Nov. 5........	. Feb. 27
May. 10......	Sept. 1	Ago. 10........	Dic. 2	Nov. 10........	Mar. 4
May. 15......	Sept. 6	Ago. 15........	Dic. 7	Nov. 15........	Mar. 9
May. 20......	Sept. 11	Ago. 20........	Dic. 12	Nov. 20........	Mar. 14
May. 25......	Sept. 16	Ago. 25........	Dic.. 17	Nov. 25........	Mar. 19
May. 30......	Sept. 21	Ago. 30........	Dic. 22	Nov. 30........	Mar. 24
Jun. 1.........	Sept. 23	Sept.1..........	Dic. 24	Dic. 1...........	Mar. 25
Jun. 5.........	Sept. 27	Sept. 5........	Dic. 28	Dic. 5...........	Mar. 29
Jun. 10.........	Oct. 2	Sept. 10.......	Ene. 2	Dic. 10.........	Abr. 3
Jun. 15.........	Oct. 7	Sept. 15.......	Ene. 7	Dic. 15.........	Abr. 8
Jun. 20.........	Oct. 12	Sept. 20.......	Ene. 12	Dic. 20.........	Abr. 13
Jun. 25.........	Oct. 17	Sept. 25.......	Ene. 17	Dic. 25.........	Abr. 18
Jun. 30.........	Oct. 22	Sept. 30.......	Ene. 22	Dic. 30.........	Abr. 23

De Oklahoma State University Extension Fact Sheet No. 3653.

El manejo de las hembras preñadas

Básicamente, es importante recordar que esta hembra es un futura madre. La vida del cerdo empieza en el momento de concepción y la ración que se da a la cerda preñada es extremadamente importante (refiérase a notas anteriores en la sección Nutrición sobre la alimentación de la cerda preñada).

A fin de evitar problemas de parto y lactancia debe mantenerse a la cerda preñada en buenas condiciones (carnosa). No debe estar demasiado flaca ni demasiado gorda. Una buena regla es: "Si está demasiado gorda no se le puede sentir el espinazo en el lomo; si está demasiado flaca se le puede ver el espinazo."

Cuando resulta obvio que está preñada, al no entrar en celo a los 19-21 días de su ciclo y al notarse que tiene las tetas dilatadas, no se la debe dejar andar con el macho.

El embrión, especialmente temprano en la preñez, puede verse afectado si la cerda se calienta demasiado. Por eso se la debe proteger del calor extremo y de la actividad excesiva, como ser: trasladarla o permitir que otros animales la exciten.

De ser posible, la hembra preñada debe pastorear en el mejor forraje disponible. El valor nutritivo del forraje verde y el ejercicio le ayudan a producir cerdos saludables.

Cuidado del macho — Se debe alimentar al macho de un modo parecido a como se alimenta a la hembra preñada. Debe permanecer dentro de un peso mediano, no demasiado gordo, ni demasiado flaco. Los verracos demasiado flacos no se desempeñan bien y los demasiado gordos tienden a ser perezosos y malos reproductores. Pero si está apareando hembras con frecuencia puede bajar de peso. Si esto sucede, se le debe alimentar más para que se conserve dentro de un peso mediano carnoso.

Cuando no hay hembras para aparear, se debe mantenerlo separado de los otros cerdos. Necesita por lo menos 252m a fin de que pueda hacer ejercicio. También debe contar con protección adecuada de temperaturas extremas. Tiene que poder pastorear o se le debe llevar alimento verde para complementar sus otros alimentos.

Debe cambiar de porqueriza o pastura debe ser trasladado ocasionalmente para prevenir problemas de salud.

Uso del verraco — A medida que va creciendo, el verraco puede aparear más hembras en un periodo dado. Los verracos menores de uno a un año y medio de edad no deben ser usados para aparear más de 2 a 3 hembras por semana. Al ir siendo mayores pueden usarse para aparear más hembras, hasta seis por semana si no entran en celo al mismo tiempo. En la mayoría de las situaciones primitivas, donde hay sólo pocas hembras, sería raro que apareara con demasiada frecuencia. Un macho maduro debería bastar para 10-12 hembras.

Al destetar las crías de las cerdas no destete varias hembras al mismo tiempo. Esto es importante especialmente si hay un solo macho. Entrarán en celo al mismo tiempo y el macho puede agotarse. Como resultado, es posible que tenga camadas pequeñas.

Es importante protegerlo del sol. El calor extremo tiene el efecto de matar los espermas en los verracos por 30 días aproximadamente. Las hembras no concebirán. Evite el exceso de esfuerzo en su traslado y manejo y brinde protección del calor extremo. Si el macho ha estado enfermo con fiebre alta por lo general no puede aparear eficazmente por 30 días. Las siguientes prácticas mejoran la concepción:

1. Aparee manualmente antes de las 8:00 de la mañana o después de las 6:00 de la tarde.
2. Aparee en el corral de noche y lleve de vuelta al macho a su propio corral de día.

Cómo sacarle los colmillos al verraco — La mayoría de los verracos desarrollan colmillos largos que sobresalen en las esquinas de la boca. Se agrandan a medida que el verraco va madurando. Pueden ser muy peligrosos para el granjero y para su familia y otros cerdos. Por lo general, para cuando el verraco tiene un año y medio hay que sacárselos. Para sacar los colmillos se refrena al cerdo atando una soga alrededor de la quijada superior detrás de los colmillos, y se ata la soga a un poste o árbol. Se usan tenazas corta-tornillos o un serrucho para quitar la parte del colmillo más arriba de la línea de las encías. Trate de no dañar las encías. Quizá sea necesario repetir el procedimiento más adelante.

Verracos compartidos por varios granjeros — Esta es una situación en que hay pocas hembras en una granja lo cual no justifica tener un macho. Debido al costo del macho esto puede significar que dos o más granjeros tienen que usar el mismo macho. Esto constituye bastante riesgo porque hay enfermedades que pueden propagarse cuando se comparten animales. Donde las granjas están cerca unas de las otras, o donde los animales se entremezclan, es posible que las enfermedades ya se hayan propagado.

Existe una situación en que el verraco no debe aparear hembras de otras granjas. Esto es cuando se ha traído un macho superior para mejorar los cerdos de una comunidad. La salud del macho superior debe ser protegida por medio de mantenerlo en una granja y luego usar sus crías verracos para propagar sus genes en otras granjas. También se lo debe mantener separado de cerdos que andan sueltos.

Análisis físicos para aparear animales — Hay varias enfermedades de apareo que pueden ser muy graves. Debe hacerle a verracos y hembras análisis de brucelosis, si es que hay alguien disponible para hacerlo. Las muestras de sangre se analizan en laboratorios y algunas pueden analizarse en la granja. Si es posible, los análisis de los animales deben hacerse antes de ser comprados. (Vea más información en la sección sobre salud).

Preparación para el parto (tener cría) — Decida cómo quiere manejar las hembras en el parto.

Métodos de parto:

1. Parto en pasturas: las hembras y sus crías se dejan sueltas.
   - Ventajas
     - — no se requieren instalaciones.
     - — no involucra trabajo.
     - — el dueño no necesita tener experiencia.
   - Desventajas
     - — no se puede ayudar cuando hay problemas de parto.
     - — no se puede ayudar a los críos recién nacidos.
     - — hay más mortandad entre los cerdos como resultado del mal tiempo y los animales salvajes.
2. Parto en un corral: las hembras son trasladadas a un corral pequeño con cobertizo cuatro días antes del parto.

Ventajas — se puede ayudar a la madre y a las crías cuando lo necesitan.
— algo de protección de las inclemencias del tiempo.
— las instalaciones temporarias pueden ser trasladadas (y deben serlo) para prevenir enfermedades y parásitos.
— sobreviven más cerdos.

Desventajas — se requieren instalaciones.
— se necesita la ayuda de personas con algo más de experiencia.

Este sería el sistema más práctico para lugares primitivos.

3. Parto en edificios: con piso.

Ventajas — la cerda madre está muy encerrada y resulta fácil ayudarle.
— lo cerdos reciben mejor protección de las inclemencias del tiempo

Desventajas — costo de las instalaciones.
— se necesita la ayuda de personas con experiencia.
— los problemas de salubridad frecuentemente conducen a enfermedades.
— hay que prevenir la anemia en la camada (vea más adelante la nota sobre cría).

Indicaciones de que se aproxima el tiempo del parto

2-3 semanas antes del parto las ubres (tetas) se agrandan notablemente.

5-7 días antes del parto la vulva (genital externo) está notablemente agrandada.

24-48 horas antes del parto aparece leche en los pezones.

12-24 horas antes del parto la cerda madre se pone muy nerviosa, inquieta y lleva vegetación seca para hacerse una cama.

Ayuda con el parto — Las cerdas mayores rara vez necesitan ayuda con el parto. Las primerizas con frecuencia necesitan ayuda con su primera camada. Si un cerdito se aloja en los huesos de la pelvis (canal del parto) pronto muere, por lo general dentro de los 30 minutos, a menos que se libre. Si se queda allí más de una hora o dos, el próximo cerdito también muere. Si un cerdito se estanca por 12-24 horas los restantes mueren, y con frecuencia la madre también.

Una mano y un brazo limpios, bien engrasados pueden muchas veces alcanzar al cerdito estancado. Tome las patas, si es posible, y saque el cerdo con el menor forcejeo posible. Los otros le seguirán normalmente cuando haya sido sacado.

Una mujer, debido a sus manos pequeñas, muchas veces puede ayudar mejor que un hombre.

Precaución: Lávese y desinféctese siempre después de asistir en un parto o de tocar cerdos recién nacidos. Nunca ayude en un parto si tiene cortaduras o rasguños grandes en las manos. Es mucho mejor usar guantes de goma para reducir el riesgo de infecciones humanas que pueden ocurrir.

Membrana fetal (placenta) — contrario a lo que opinan los que no están informados, nunca debe darse de comer a la cerda; en cambio, debe ser incinerada o enterrada en cuanto hayan nacido los cerdos.

Alimentación de la cerda lactante (con cerdos recién nacidos) — Refiérase a las notas en la sección sobre nutrición.

Ayudas al cerdo recién nacido — cuánto se ayuda al cerdo recién nacido varía según la habilidad del dueño y las instalaciones. La supervivencia de los recién nacidos es mucho mayor cuando se ponen en práctica todas las indicaciones que sea posible.

Cuando nacen

— sáquelos de las membranas.

— limpie la mucosidad de la boca y la nariz con un trapo limpio.

— corte con tijeras el cordón umbilical dejando un largo de 3 a 5 cms y rocíe o remoje con yodo. Espere por lo menos 20 minutos y no más de 2-3 horas para hacer esto. Si el cordón cortado sangra excesivamente, átelo con un hilo de algodón o de pescar.

— si hace frío, seque los cerdos con un trapo limpio enseguida después del parto. Puede ponerlos en una caja o canasta forrada de paja hasta que todos los cerditos hayan nacido, pero no por más de 2-3 horas.

— deben ser amamantados lo antes posible para recibir calostro (leche en ubres en el tiempo de nacimiento que protege contra infecciones).

Corte los dientes filosos. Los cerdos nacen con ocho dientes filosos, cuatro en cada quijada. Deben ser cortados para prevenir que lastimen las ubres de la madre o a otros en la camada.

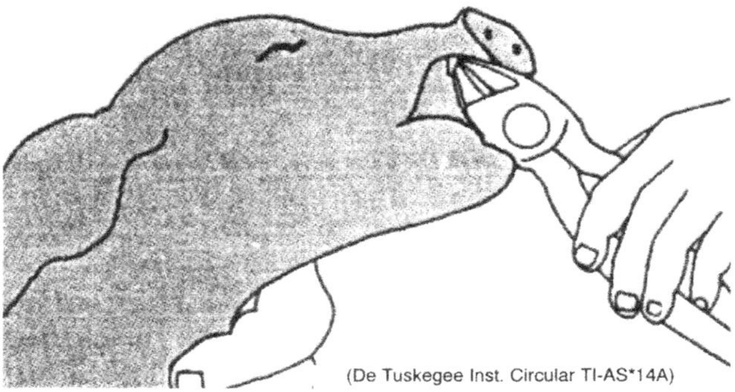

(De Tuskegee Inst. Circular TI-AS*14A)

Anemia por deficiencia de hierro en los lechoncitos — Es común en los lechoncitos una enfermedad llamada anemia de lechoncitos (falta de sangre) cuando éstos no tienen acceso a tierra durante las primeras semanas de vida. Es causada por falta de hierro y cobre que son indispensables para la formación de sangre. Dado que la leche de la madre es deficiente en ambos minerales, la cría tiene que tener cantidades adicionales o su posibilidad de sobrevivir es muy baja. La tierra por lo general contiene cantidades adecuadas y los cerditos, casi desde el primer día, comen la tierra. Si viven en edificios con piso no tienen acceso a la tierra y se debe encontrar un método para proveerles hierro y cobre.

La solución más sencilla es llevarles tierra a los cerdos. Coloque un recipiente pequeño para cada camada de cerdos. Esto soluciona adecuadamente el problema, pero la tierra debe provenir de un lugar a los que los cerdos no han tenido acceso. Así, se previene la propagación de gérmenes de parásitos y enfermedades a los cerdos. Esta tierra debe ser cambiada con frecuencia.

Las tierras de tipo arcilloso (pesadas y amarillas) por lo general contienen más hierro que otros tipos. Si no hay suficiente hierro en la tierra, otra fuente de hierro que se ha usado es jugo de tomate. Dé al cerdito una cucharada llena dos veces por semana, empezando cuando tiene uno o dos días y continuando semanalmente hasta que haya cumplido cuatro semanas.

Existen productos comerciales inyectables y orales para cerdos y soluciones para aplicar a las ubres de la cerda. Estos son caros y muchas veces no se consiguen.

Los cerdos anémicos tienen poca resistencia a las infecciones, no crecen bien y muchos mueren si no se les provee hierro antes de cumplir su primera semana. Debe proveerlo para el tercer o cuarto día de haber nacido.

Los cerdos nacidos en la tierra por lo general no tienen anemia.

Alimentación de las crías — (Vea las notas sobre nutrición.)

Castrado (amputación de los testículos) del cerdito — Los cerdos son castrados por varias razones: para prevenir un gusto y olor desagradables de la carne, para prevenir el fastidio de verracos que no se necesitan para apareo, y hay quienes creen que los verracos castrados crecen más rápido.

Bajo la mayoría de las condiciones primitivas, los cerditos verracos deben ser castrados a las 2-4 semanas. Los cerdos toleran mejor la castración mientras amamantan que después del destete.

El castrador debe asegurarse de tener las manos y el cuchillo limpios (y desinfectados si es posible). El escroto (piel sobre los testículos) debe lavarse (y desinfectarse), al igual que el cuchillo.

Sostenga el testículo firmemente entre los dedos y el pulgar. Haga una incisión en la piel y dentro del testículo con un cuchillo afilado. La incisión debe ser paralela a la línea media del escroto y a 4,5mm hasta 8 mm de la misma. Separe el testículo del tejido circundante. Quítelo con el cordón espermático pegado, y córtelo cerca del cuerpo. Quite el otro testículo de la misma manera. Asegúrese de que las incisiones estén en la parte de abajo del cerdo de modo que pueda haber buen drenaje cuando está de pie; esto acelera la curación.

Después de la operación, la sangre en la piel cerca de la incisión debe ser lavada. La sangre atrae moscas que pueden causar una infección. Las larvas de insectos, como la de cochliomya hominivorax pueden infectar la herida.

Los esprays o líquidos para heridas (con repelente contra moscas) aplicados alrededor de la herida son aún más efectivos.

Con frecuencia hay en la comunidad alguien con experiencia en la castración de cerdos. Observe sus técnicas. No obstante, algunas de estas sugerencias mencionadas pudieran muy bien ser una mejora.

Hasta que las heridas sanen, no deje que los cerdos recién castrados anden en pantanos sucios y en otras condiciones insalubres.

Errores comunes en la castración — no limpiar y desinfectar antes de la operación, incisiones demasiado pequeñas para drenaje, incisiones demasiado arriba para drenaje, condiciones húmedas e insalubres antes de estar curados, esperar hasta que los cerdos se hayan destetado.

Hay muchos desinfectantes adecuados, incluyendo yodo, alcohol, soluciones muy débiles de cloro, agua oxigenada, mertiolate.

Destete — Separar a los mamones de su madre. Este es uno de los períodos de más estrés en la vida del cerdo. Es también un tiempo de bastante estrés para la cerda madre.

En operaciones modernas en que se crían encerrados, los cerditos con frecuencia son destetados a una edad tan temprana como 3-5 semanas. En situaciones primitivas, sin edificios caros y raciones sofisticadas, no es necesario ni bueno hacerlo. Dado que la leche de la cerda es el alimento natural para la cría, debe ser usada todo lo posible. Esto significa dejarlos mamar hasta alrededor de las 8 semanas. La cantidad de leche empieza a disminuir unas 3-4 semanas después del parto. Se debe empezar a dar alimento sólido a los lechones a los 10-14 días, aumentándoles la cantidad al ir creciendo, a medida que disminuye la leche de la madre. Si están comiendo bien el alimento sólido, hay mucho menos shock digestivo a la hora del destete, y menos problemas de salud en general. (Hay mucha más información sobre la alimentación de las crías en la sección sobre nutrición.)

A la cerda lactante se le debe disminuir el alimento gradualmente, empezando más o menos una semana antes del destete. Esto reducirá mucho su producción de leche y la posibilidad de problemas de ubre después del destete.

Problemas de destete de la cerda madre — Si, como a veces sucede, la ubre se distiende con leche más o menos un día después del destete, se les puede dejar lactar a los lechones día por medio durante unos minutos.

Si la ubre se pone dura al tacto y muchas veces caliente, un remedio sencillo es masajearla diariamente con aceite alcanforado, un remedio común de uso humano para curar moretones. Si la cerda madre pierde su apetito, es probable que tenga una infección de las ubres y fiebre. En este caso necesitará ser tratada con antibióticos. (Vea la sección sobre salud.)

Problemas de destete de las crías — Estos por lo general pueden prevenirse de la siguiente manera:

1. Siga alimentando a los lechones con comida a la que ya se acostumbraron antes de destetarlos. Al no cambiar el alimento, evitamos un estrés que muchas veces causa problemas. Después de más o menos una semana puede cambiarse gradualmente el alimento.

2. Saque a la cerda madre y deje los lechones en su ambiente conocido durante varios días. Esta es una manera sencilla de prevenir otro problema de estrés.

Edad de destete para dos camadas por año — Bajo la mayoría de las condiciones primitivas, es factible tener dos camadas por cerda madre por año. Considere que la duración de la preñez de la cerda es casi 4 meses, y que algunas entran en celo unos días después del destete de la cría. Esto significa no más de 8 semanas para destetar a los lechones, dos camadas por cerda por año. Este es un buen momento para la cerda y el lechón.

Una decisión importante: una o dos camadas por año por cerda — Aunque 2 camadas por año deben ser intentadas en la mayoría de los casos, habrá casos en que por diversas razones el alimento de los cerdos es muy limitado durante ciertas temporadas. Puede ser que las cerdas estén comiendo una ración de mantenimiento y sean incapaces de aguantar una preñez normal y amamantar adecuadamente a su cría. En ese caso las cerdas deben ser apareadas para que queden preñadas y tengan cría cuando el nivel de nutrición es el más alto.

Otra circunstancia sería cuando una temporada del año es un periodo largo de tiempo extremadamente inclemente. El mantenimiento de la preñez y la supervivencia de las crías pueden ser muy bajos.

Crianza de cerdos huérfanos — Los cerdos huérfanos son un problema: cuando la cerda madre muere, está enferma y no da leche, o a veces cuando tiene demasiados lechones y hay que quitarle algunos (por lo general más de 12 en una camada).

Le leche de vaca es adecuada para el lechoncito recién nacido. Pueden usarse mamaderas (teteras) de bebés, pero limpiarlas y esterilizarlas es un problema grande. Por lo general los cerditos pueden beber de un plato poco profundo. Deben ser alimentados seis veces al día durante las primeras dos semanas, luego gradualmente reducir el alimento a tres veces al día. A los 10-14 días se puede agregar y aumentar gradualmente pequeñas cantidades de sobrantes de pan o grano partido, e ir dándole menos leche durante las próximas semanas. La leche de cabra es menos deseable, pero puede ser utilizada.

Otra posible solución es dar los cerditos a cerdas con camadas muy pequeñas. Esto da resultado sólo si los cerdos huérfanos son de aproximadamente la misma edad que los otros. Muchas veces la cerda rechaza a los cerdos huérfanos. Esto puede superarse mojando la espalda de los cerdos huérfanos con leche o medicamento para piel humana, los cuales tendrían un olor que confundiría a la madre en cuanto a cuáles son los cerdos huérfanos.

Sección sobre la etapa de crecimiento — Acabado (engorde del animal)

A. General

Después de que los cerdos se han acostumbrado a estar destetados, han pasado las etapas más críticas de su vida.

El período de crecimiento-acabado-engorde es el periodo entre aquellas y el tiempo cuando llegan al peso deseado para la carneada o el mercado.

Es la etapa en sus vidas cuando, si se les de una nutrición razonablemente adecuada y protección de las inclemencias extremas del tiempo, deben llegar al peso de mercado o de carneada con muy pocos problemas.

Es la edad cuando hay menos necesidades alimenticias y ambientales críticas. No obstante, cuantas menos adaptaciones haya que hacer, más rápido crecerán y más saludables serán estos animales.

B. Nutrición del animal en crecimiento-acabado

Esto ha sido tratado bien en la sección sobre nutrición. Lo importante es que las necesidades de la cerda preñada y la lactante y las de las crías deben tener primera prioridad si la cantidad y calidad del alimento son limitadas. Los animales de esta edad pueden ponerse raquíticas debido a una nutrición inadecuada pero sus probabilidades de sobrevivir son mucho mejor.

Si el alimento es abundante, se les debe permitir consumir todo lo que quieran comer.

C. Consideraciones ambientales del animal de engorde

Esto se trató en general en la sección sobre ambiente. No obstante, hay varias cosas que recordar:

1. Donde un terreno alto y bien drenado es limitado, o donde el terreno es usado mucho por los cerdos durante mucho tiempo, el animal de esta edad puede tolerar mejor estas condiciones.

2. Donde escasea una protección natural o hecha por el hombre de las inclemencias extremas del tiempo, el animal de esta edad puede tolerar mejor estas condiciones.

Se debe hacer todo esfuerzo posible por brindar condiciones ambientales satisfactorias a fin de que los animales sean saludables, crezcan rápido y el manejo de la operación sea eficiente. Los animales expuestos al estrés ambiental excesivo no aprovecharán eficientemente la comida, crecerán con más lentitud y desarrollarán problemas de salud.

D. Tiempo que lleva llegar a un peso para la carneada

Esto varía según las condiciones de su nutrición, ambiente, enfermedades y salud y las características genéticas del animal. Los animales bien criados con una ración balanceada y condiciones ambientales satisfactorias, por lo general llegan al peso de carneada tan temprano como los 6-7 meses. Bajo condiciones menos satisfactorias, puede llevar hasta 12 meses y los animales enfermos quizá nunca lleguen a ese punto.

Factores que inciden sobre el ritmo de crecimiento — El factor limitador en el ritmo de crecimiento bajo condiciones primitivas es la falta de proteínas en la dieta y no controlar los parásitos internos (lombrices) y el estrés ambiental.

Otros factores que inciden con frecuencia son las deficiencias de minerales y otros problemas alimenticios junto con muchos problemas de salud y enfermedades.

E. Castración de cerdos mayores

Como lo hemos mencionado anteriormente en la sección sobre cría, la castración debe hacerse antes del destete. Quizá no se haya realizado por alguna razón. Puede hacerse después, pero el riesgo es mayor. Los problemas más importantes son la pérdida de sangre de los vasos sanguíneos mayores y más peligro de infección. Se puede prevenir la pérdida de sangre atando los vasos sanguíneos que van a los testículos con un material como una línea fina de pescar. Esto es necesario en el caso de verracos mayores que ya no se necesitan para aparear. Use siempre un espray de antiséptico para heridas que contenga insecticida para prevenir larvas de cochliomya hominivorax y otros problemas relacionados con las moscas.

F. Tratamiento y control de parásitos internos (lombrices)

El tratamiento y prevención de las lombrices es una práctica indispensable si hemos de producir cerdos saludables. Este tema es tratado en detalle en la Sección VI — Problemas de salud de los cerdos.

G. Tratamiento y control de parásitos externos (insectos)

Otro factor para producir cerdos saludables es el tratamiento y control de insectos. Este tema es tratado con más detalle en capítulos más adelante.

Sección IV

Cómo sujetar y manejar cerdos

Cómo sujetar-agarrar-manejar-trasladar cerdos

Por muchas razones hay ocasiones cuando los cerdos tienen que ser manejados o sujetados para ser vacunados, castrados, recibir medicamentos, ser destetados, trasladados, cargados y para otros casos.

En primer lugar, tenemos que entender que los cerdos son distintos de otros animales en su disposición, temperamento, instintos y diseño corporal. Debido a esto deben ser tratados y sujetados de un modo distinto. Se deben usar métodos y equipo diferentes.

De los animales domesticados con los que usualmente trabajamos, los cerdos son los que todavía retienen más su instinto natural de supervivencia, y pueden ser muy imprevisibles. Cada animal es diferente, aún los de una misma camada.

Es más fácil trabajar con ellos, crecen mejor y por lo general son más sanos si se los trata con suavidad y se les brinda atención regularmente. Si son tratados con suavidad y se les brinda atención regularmente, la mayoría de los cerdos son muy agradables. Nunca olvide que, cuando están excitadas o asustadas, las cerdas con crías pueden ser peligrosas. Los machos adultos siempre deben considerarse peligrosos.

El cuerpo del cerdo es liso, compacto y duro, lo cual le permite abrirse paso en la vegetación. Es instintivo en él localizar una abertura pequeña y tratar de pasar por ella, hasta cuando se trata de las piernas de una persona. Esta característica puede ser útil para atrapar los cerdos.

Los cerdos son difíciles de conducir o jalar, pero con frecuencia se puede usar el alimento para lograr que se trasladen de un área a otra. Por lo general seguirán a un balde de alimento al cual están acostumbrados.

Los cerdos de todas las edades son susceptibles al estrés por el calor en temperaturas cálidas. Por esta razón, es mejor trabajar con ellos y trasladarlos temprano en la mañana o tarde en la tarde. Evite tratarlos mal.

En el resto de esta sección enfocaremos métodos y equipo para trabajar con cerdos de distintas edades.

1. Cómo agarrar y sujetar cerdos pequeños: Agarre el cerdo rápidamente desde atrás, agarre una o ambas patas traseras, o con ambas manos agarre al cerdo justo detrás de los hombros. Lo mejor es agarrar las patas de atrás y mover rápidamente las manos para sostenerlo alrededor del cuerpo, como lo muestra el siguiente dibujo.

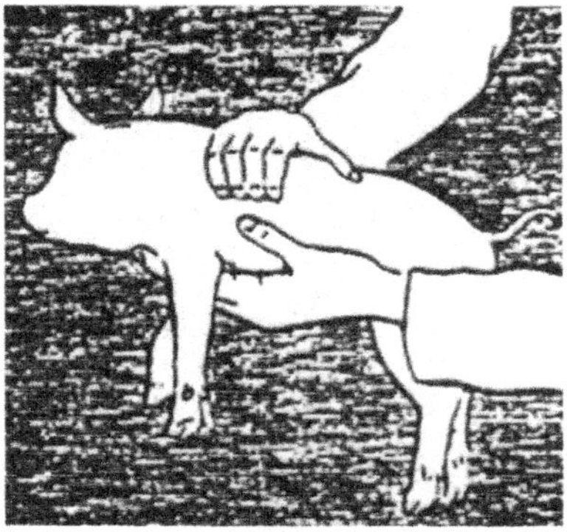

Para darles tratamiento oral (por la boca), los cerdos pueden ser sujetados como lo muestra la ilustración que aparece en esta página. Este método puede usarse también para tratamientos por inyección y para vacunar al animal joven. Ver la Ilustración 1.

2. Cómo agarrar y sujetar cerdos medianos (entre el destete y los 45 kg): Agarre al cerdo de las patas traseras, levántelas de modo que las patas no puedan tocar el suelo y apriételo entre sus rodillas. Para la mayoría de los tratamientos de medicamentos y de vacunación, el abdomen (panza) debe estar de frente, como lo muestra la Ilustración 2 en esta página.

Ilustración 1

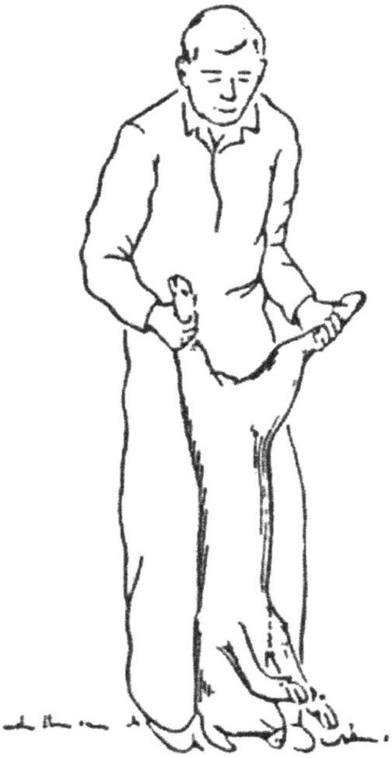

Ilustración 2

Esta misma posición, que se muestra en la página siguiente, puede ser usada para castrarlos.

Para darles tratamiento oral (por la boca) a cerdos medianos, éstos tienen que ser atrapados a mano o con una soga para lazar. Después, la persona se acerca por encima del cerdo desde atrás y agarra los tobillos de las dos patas delanteras y levanta al cerdo y lo inmoviliza, como lo muestra el dibujo No. 2 en la página siguiente.

Algunos prefieren este método de sujetar a los cerdos de esta edad para darles inyecciones y vacunarlos.

Ilustración 1

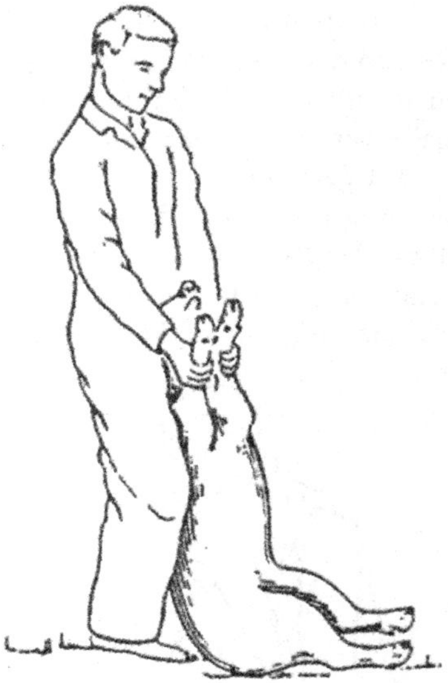

Ilustración 2

3. Cómo atrapar y sujetar cerdos grandes de más de 45 kg: Los cerdos grandes, encerrados en corrales pequeños, pueden ser agarrados con una soga para lazar o un rozal. Son tan fuertes y sus cuerpos tan lisos, que son muy difíciles de agarrar por las patas, aunque algunos logran hacerlo. Una soga para atraparlos por la nariz es un equipo básico. Tiene que ser de por lo menos tres metros de largo, con una abertura en una punta por la cual se pasa la soga para hacer un lazo. Para usarla, párese detrás del cerdo y coloque el lazo sobre la nariz del cerdo. Si el cerdo no abre la boca, la soga puede moverse de atrás para adelante contra las dientes delanteros y dentro de la boca. Tiene que ponerse detrás de los colmillos (dientes grandes), y apretarse enseguida el lazo. Al jalar hacia adelante la soga; la reacción natural del cerdo de jalar para atrás, mantiene tensa la soga. Los siguientes dibujos muestran bien esto.

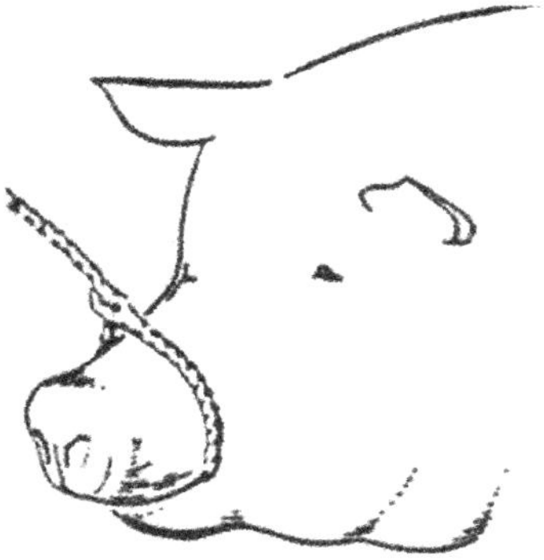

Ya la soga puede ser atada a un árbol o un poste. Se usa este método para vacunación y tratamientos de cerdos adultos.

Lazo con agarradera para cerdos

Para agarrar cerdos en un corral grande es posible que se requiera un lazo que se puede confeccionar de materiales fáciles de obtener. Lo principal es un trozo de tubo de 60-75 cm de largo y de 2,5 cm de diámetro.

A un extremo del tubo se le engancha una soga o un cable (un cable viejo de un velocímetro da buenos resultados). El otro extremo se pasa por el tubo, dejando una lazada en la punta para formar el lazo con el cual agarrar el animal. Con un golpe rápido, el lazo se enlaza alrededor del hocico del cerdo y se jala para que quede apretado. El instinto natural del cerdo de jalar para atrás lo mantiene apretado. Tiene que hacerse rápidamente. Se requiere fuerza para sujetar al cerdo grande. Un pequeño montículo de comida o grano en el comedero atrae al cerdo. Muchas veces se distrae al comer, y puede ser agarrado. Es mejor poner el lazo dentro de la boca y detrás de los colmillos. Si se tiene que sujetar al cerdo durante un tiempo, se debe remplazar el lazo por una soga especial para el hocico. La ilustración muestra dos lazos con agarradera de tipo casera.

El primer dibujo de un lazo con un cable sujetado al extremo del tubo es el método preferible. El segundo dibujo muestra un lazo improvisado de un trozo de tubo y una soga, y es para uso ocasional solamente. Quizá no sea adecuado para animales adultos. En algunos países se pueden conseguir lazos manufacturados de este tipo.

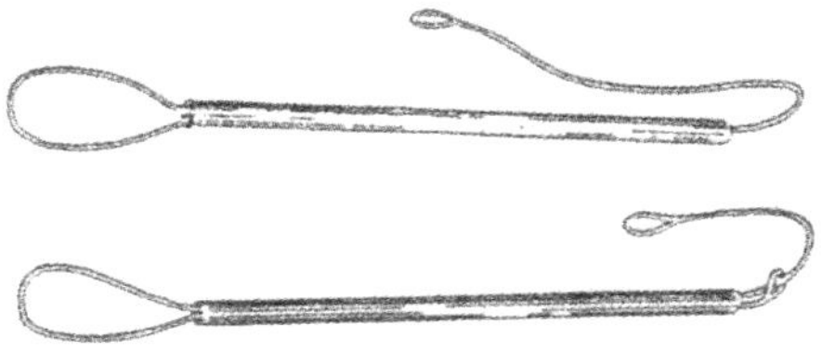

Cómo inmovilizarlos: Existen ocasiones cuando adultos grandes tienen que ser inmovilizados, como en la castración de los verracos y en otras situaciones.

Primero se sujeta bien al cerdo con un lazo o lazo especial para el hocico. Luego se enlazan sogas cortas alrededor de las patas delanteras y traseras. El extremo de la soga desde la pata trasera se pone sobre el hombro opuesto y alrededor de un poste a la altura de la cabeza. La soga de la pata delantera se pasa debajo del cuerpo y por el pernil opuesto y alrededor de un poste a la altura de la cola. Cuando se jalan las sogas apretadamente, el cerdo cae. Entonces se atan las sogas a los postes, cerca del cuerpo del cerdo. Por lo general ésta es toda la sujeción que se necesita. Pero si el cerdo forcejea, quizá se tengan que amarrar juntas las patas traseras. El siguiente dibujo ilustra muy bien este método sencillo para inmovilizar al cerdo.

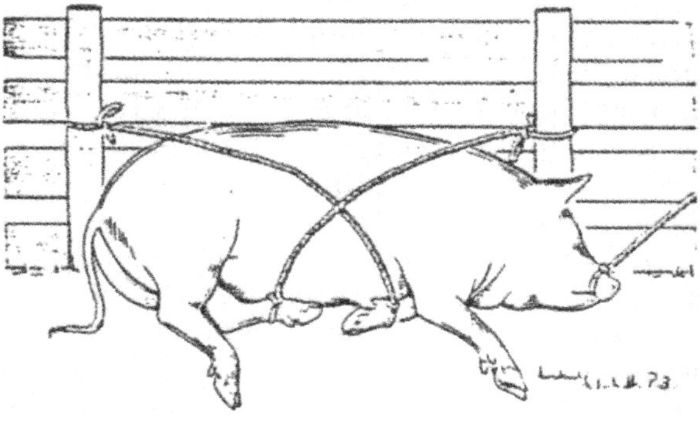

Una persona muy fuerte quizá pueda hacer caer al cerdo pasando las manos debajo del cerdo y tomando las patas del otro lado. Las patas del otro lado son jaladas hacia la persona y el cerdo cae en sentido opuesto. Cuando el cerdo ha caído sobre su costado se pueden atar las patas o varias personas lo pueden sujetar.

Cómo trasladar y cargar cerdos adultos: Un método sencillo y por lo general exitoso se basa en el hecho de que los cerdos van para atrás con más facilidad que para adelante. Una persona le coloca un balde sobre la cabeza y empuja para atrás, mientras que otra jala de la cola y guía al cerdo, como lo muestra el siguiente dibujo.

En algunos lugares se entrena a los cerdos a ser guiados por una soga. Esto debe hacerse cuando son pequeños. Por lo general se usa alimento para motivar a los cerdos a dejarse entrenar. Tenerlos entrenados para andar con soga es útil para llevarlos a otro lugar de pastoreo y para llevar a las cerdas para ser servidas.

(Esta sección se adaptó del libro "Restraint of Animals", por John R. Leahy y Pat Barrow. Usado con permiso del Dr. John R. Leahy.)

Cita:
"Siempre dé por seguro
que donde hay feces y
suciedad, hay también
gérmenes, óvulos y larvas de
parásitos que causan
enfermedades.
Dé por seguro que estos
organismos vivirán durante
meses y aun años, bajo estas
condiciones.
Limpieza es una palabra
importante que sencillamente
significa hacer todo lo que
podemos para mantener a los
animales alejados de
feces y suciedad.
Esta es una de las mejores
cosas que podemos hacer para
mantener sanos a
nuestros animales."

Cómo prevenir y controlar enfermedades y parásitos

A. Sitio - lugar de la unidad de ganado
B. Rotación del corral y el pastoreo
C. Temporario - Edificios movibles para el ganado
D. Parición en los lugares más limpios (áreas menos usadas)
E. Importancia de brindar comida y agua limpia para tomar
F. Otros: Separación de animales enfermos
Deshacerse rápidamente de animales muertos

Introducción: Sería raro que todas las sugerencias siguientes se aplicaran a toda área o situación. Una o más casi siempre pueden ser aprovechadas para mejorar la salud del ganado y la eficiencia de producción en la mayoría de granjas pequeñas. El requisito principal para hacer estas mejoras es la mano de obra. Esta abunda en la mayoría de las regiones subdesarrolladas.

La mayoría de estas prácticas cuestan muy poco y son bastante sencillas como para que las establezcan la mayoría de los granjeros.

Este libro enfatiza cerdos, pero los antecedentes, conceptos y sugerencias se aplican a otros animales de granja, incluyendo aves de corral.

A. Importancia del sitio (lugar) de la unidad de ganado:

La rotación de pastoreo y el sitio (lugar) apropiado para la unidad de ganado son prácticas básicas y esenciales para reducir al máximo los problemas de enfermedades y parásitos.

Las áreas donde el agua permanece estancada por largo tiempo, especialmente en pantanos de terrenos bajos, proveen un ambiente ideal para la existencia y propagación de organismos de enfermedades y parásitos. Evite tales lugares toda vez que sea posible. Los animales confinados en tales condiciones están expuestos constantemente a las infecciones de enfermedades y parásitos al beber el agua. Los parásitos externos que penetran la piel y los insectos chupasangre que irritan y debilitan a los animales, propagan enfermedades, abundan más y causan más problemas en lugares pantanosos.

Trasladar a los animales a un terreno más alto y seco puede requerir la construcción de un albergue que brinde sombra y proteja contra el viento. Quizá sea necesario contar con una nueva fuente de agua. Estos inconvenientes casi siempre se compensan con la salud mejorada de los animales, especialmente cuando se agregan otras prácticas descritas en esta sección.

En algunas áreas, especialmente cuando la extensión del terreno del es limitada, tienen que usarse pantanos. Bajo tales condiciones, se debe proveer drenaje. Tener zanjas alrededor de los corrales o pasturas mejorará mucho la limpieza y el control de enfermedades y parásitos.

Los pocos problemas asociados con el traslado a un terreno más alto, más seco son compensados grandemente por la mejoría en la salud de los animales, especialmente si se usan otras prácticas descritas en esta sección.

Dibujos que ilustran el sitio-lugar de la unidad de ganado en tierras más altas, más secas y bien drenadas

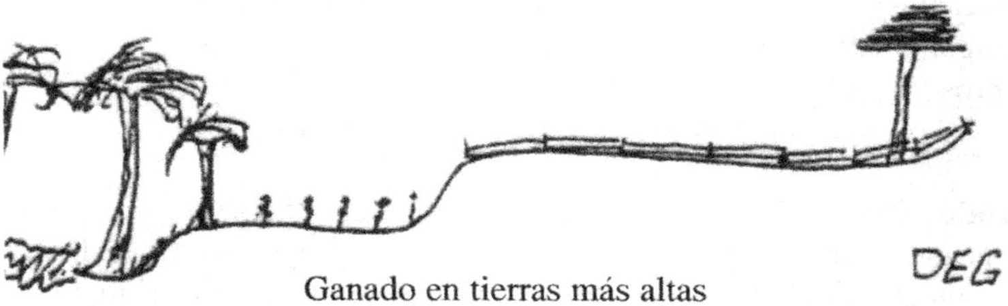

Ganado en tierras más altas

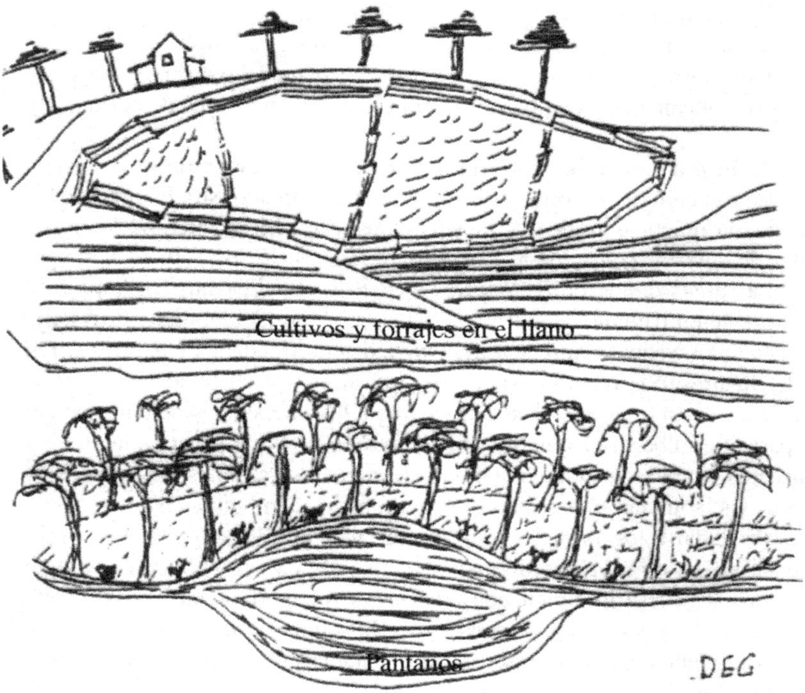

Durante la temporada que no se cultiva la tierra, los animales pueden usar el área de cultivo y con frecuencia pueden aprovechar comestibles sobrantes de la cosecha.

B. Rotación de corrales y pasturas

Como ya se ha mencionado, una de las prácticas más importantes y necesarias en la prevención de enfermedades y parásitos es la de rotación de los corrales y pasturas. Este es un método que ya se ha usado por mucho tiempo y ha dado pruebas de ser un método que debe ser usado por cualquier dueño de ganado o de aves de corral.

Lo que queremos que comprenda el granjero (y los que los aconsejan) es muy sencillo. Siempre dé por seguro que donde hay feces y suciedad hay también gérmenes, óvulos y larvas de parásitos que causan enfermedades. Dé por hecho que estos organismos pueden vivir mucho tiempo en la tierra. Si periódicamente puede trasladar los animales de un lugar que ha sido usado a un lugar que no ha sido usado por un tiempo y dejar atrás las feces aunque sea por un lapso breve, deja atrás también los gérmenes de enfermedades y parásitos. Esto siempre mejora la salud de los animales de granja.

El corral o pastura o galpón que ha sido usado constantemente durante muchos años, produce un ambiente en el que es imposible criar animales sanos. Trasladarlos a un área más limpia, aunque sea por un lapso breve, resulta en una mejora tremenda en la salud de los animales.

Por lo general, lo más práctico es el sistema doble o "use uno-descanse uno". Esto permite que disminuya el número de gérmenes que causan enfermedades y huevos de parásitos en el suelo después de un lapso de tiempo en que los animales no usan el corral o pastura. En algunas situaciones extremas, como ser todo terreno bajo o de uno usado prolongada y extensamente por los animales de granja, puede ser necesario un sistema triple en que dos corrales o pasturas descansan mientras el tercer es usado.

La pregunta es por cuánto tiempo hay que hacer descansar un área antes de volver a usarla para los animales de granja. Lo ideal sería dos o más años, pero un año sería de gran beneficio. Aun seis meses de descanso es una gran mejora. Con frecuencia, unos pocos meses de descanso resultan provechosos.

Mientras un sector "descansa" y no se usa para esa especie de animal, puede ser usado para otros fines en la granja. Es mejor no usar esos corrales o pasturas en descanso para otras especies de ganado. Pero, si es necesario, pueden usarse de esa manera. Ciertas enfermedades y parásitos podrían limitar el uso de esas pasturas y corrales descansando-rotando para cultivar ciertos alimentos para uso humano, como hortalizas.

Atar, confinar o usar pequeños corrales o pasturas temporarios para dejar pastorear y forrajear en lugares que otros animales de la especie no han usando recientemente, puede resultar en una mejora en la salud de los animales.

Hay que enfatizar fuertemente que la antigua idea de tener un área particular destinada como lugar permanente durante largo tiempo para animales de una especie dada; como ser "el campo de las vacas, o "el chiquero de los cerdos" o "el gallinero", casi siempre lleva a problemas de salud y crecimiento. Debe descartarse esta idea.

En la mayoría de los casos verá usted una mejoría casi inmediata si convence al granjero que acepte la idea de rotar los corrales y la tierra de pastoreo. Aunque el descanso-rotación sea por un período breve, se notan mejoras. Esto es especialmente cierto si se usan otras prácticas descritas en esta sección.

Enero a junio
(o año uno)

Julio a diciembre
(o año dos)

Doble: El sistema de rotación "use uno, descanse uno" para la parición de cerdos, usando galpones paritorios portátiles de forma A. Es el sistema preferido porque no se usa un corral o pastura entremedio. Esto puede ser una barrera para la propagación de enfermedades y parásitos.

Nota: Estas ilustraciones no pretenden ser un diseño específico de una operación porcina; más bien son para ilustrar la rotación de pasturas y corrales en un modo fácil de comprender.

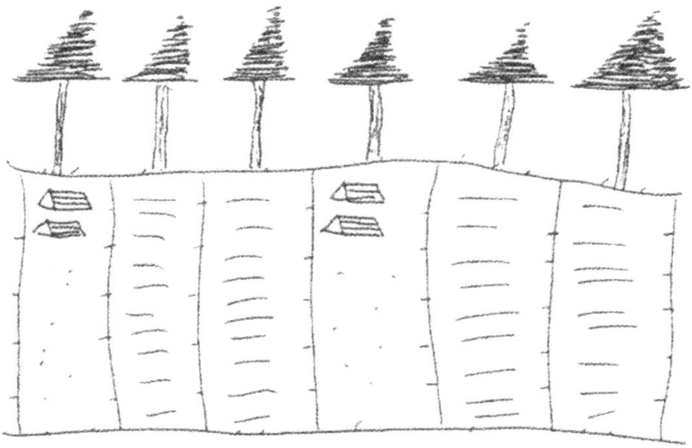

El sistema de rotación triple "use uno descanse dos" para la parición de cerdos usando galpones de forma A. Esto sería más indicado para casos donde las pasturas o los corrales han sido usados en exceso durante mucho tiempo, o donde el terreno es bajo y pantanoso y ya han surgido problemas de enfermedades y parásitos. En este sistema dos corrales o pasturas descansan mientras el tercero es usado para el ganado.

C. Beneficios para la salud de los animales de usar edificios temporarios o portátiles para animales de granja y dejar descansar los edificios (No usarlos por un tiempo)

Junto con la rotación de corrales y pasturas, sería provechoso para pequeños granjeros si pudieran dejar de usar durante mucho tiempo los mismos establos, cobertizos o galpones para los animales de granja.

La acumulación de excrementos, camas putrefactas, sobrantes de alimentos y suelo húmedo en edificios, cobertizos, establos, etc. usados continuamente crean un buen ambiente para la supervivencia y la propagación de gérmenes de enfermedades, huevos y larvas de lombrices. El uso continuo de los mismos edificios de cualquier clase, por mucho tiempo, permite que enfermedades y parásitos causen problemas de salud en los animales, especialmente en los recién nacidos y los jóvenes. La mucha humedad en los edificios y la falta de luz solar, empeoran los problemas de salud.

Edificios sencillos, económicos, temporarios o portátiles que se trasladan o se hacen descansar de cuando en cuando, o aun se abandonan, pueden disminuir los problemas de salud en los animales de granja. Esto se aplica especialmente al lugar donde nacen y se crían los animales jóvenes.

Un buen ejemplo de este principio es el paritorio portátil de forma A para cerdos (que aparece en una sección anterior sobre edificios y equipo).

Es uno de los edificios más prácticos de cualquier granja, y puede usarse casi en cualquier parte. Es fácil de construir de una variedad de materiales económicos o usados. Después del parto y destete de los lechoncitos simplemente se trasladan a corta distancia (por lo menos 15 m). Haciendo esto, se dejan atrás los excrementos y la suciedad. De esta manera cada parto se lleva a cabo en un área donde no ha habido cerdos por un tiempo y los mamones nacen en un ambiente sano.

A fin de criar animales sanos, esta es una de las ideas más importantes que quisiera compartir con los granjeros pequeños que crian cualquier clase de animales

Aunque no es tan necesario para animales mayores, sigue siendo importante que no se usen los mismos lugares y edificios por un período extenso, sin descansarlos o trasladarlos.

Bajo la mayoría de las condiciones en la granja pequeña, los pisos en los edificios usados para animales de granja tarde o temprano causan problemas. La acumulación de excrementos y suciedad causa problemas de salud, especialmente en los recién nacidos y en los jóvenes, a menos que los edificios se mantengan muy limpios diariamente. Aun así, a veces hay problemas.

La excepción es donde no hay terreno alto y seco para las crías, o la cantidad de terreno es muy limitada. Si tienen que usarse pisos, los excrementos y la suciedad deben quitarse diariamente, los pisos deben ser limpiados y desinfectados una vez que se han sacado afuera a los animales.

Nota: Vea ejemplos de edificios temporarios-movibles en la Sección II, parte 3 (edificios y equipos).

D. Use las áreas más limpias (que han permanecido más tiempo sin animales) para paritorios

Éste es uno de los métodos más importantes para usar a fin de mejorar la salud de los animales. No obstante, la mayoría de los encargados del cuidado de animales no lo entiende. Es uno que casi cualquier dueño de animales puede poner en práctica. Cuesta muy poco.

En muchas granjas se ha usado durante años como paritorio el mismo corral, o pastura o establo o cobertizo. El recién nacido llega a un ambiente muy insalubre. Le es casi imposible comenzar su vida con buena salud. Prevenir y minimizar la exposición del recién nacido a gérmenes de enfermedades y parásitos en esta etapa crítica de la vida con frecuencia significa la diferencia entre tener un animal sano, que crece eficientemente o tener un animal enfermo, raquítico o muerto.

De ser posible, se ha de usar un terreno más alto, más seco, que ha permanecido más tiempo sin animales como paritorio. Si la extensión de tierra es limitada, se deben usar para la parición pequeñas áreas de la parte más alta, más seca de la granja. No se usaría para animales de otra edad a fin de limitar la cantidad de excrementos con gérmenes y parásitos. No se usaría la misma área por más de un año sin un periodo de descanso de uso animal. Si se notan problemas de salud, habría que hacer un traslado antes de que nazcan otros animales.

Donde la tierra y los recursos son limitados, o en lugares bajos y pantanosos, considere atar las madres a un poste o a estacas o ponerlas en corrales temporarios, desde justo antes del parto hasta el destete. Esto casi siempre resulta en animales jóvenes más saludables, especialmente si se realiza en terreno que últimamente no ha sido usado para animales.

Esta es una de esas ideas que todo dueño de animales debe considerar y todos los que los aconsejan comprender.

E. Importancia de dar comida y agua potable limpias

Al igual que en las otras prácticas mencionadas en esta sección, esta es una de esas ideas simples, básicas pero muy importantes que inciden sobre la salud de los animales.

1. Importancia de agua potable limpia, fresca

Los animales, y en especial los cerdos, beben cualquier agua disponible. Contrario a lo que muchos creen, prefieren agua limpia y si la consiguen son mucho más saludables. Es una de las cosas más importantes que podemos hacer para criar animales sanos.

Debe evitarse en lo posible el riesgo de que ingieran gérmenes y parásitos por la boca en agua que toman de lagunas, pozos o arroyuelos. Con frecuencia, otros animales han orinado o defecado en el agua o cerca de ella. Muchas veces su gusto no es tan rico como el del agua fresca lo cual limita la cantidad que toman y afecta su salud y crecimiento.

Depender únicamente de agua del suelo muchas veces significa tener problemas según la temporada y necesitar una fuente mejor. La cerda que amamanta tiene una gran necesidad de agua para tener suficiente leche para su cría. El animal joven, al empezar a comer alimento sólido, necesita algo de agua fresca limpia.

La distancia del agua a la fuente de alimento afecta la cantidad de alimento que ingieren los cerdos. Si la fuente de agua se encuentra muy lejos, es posible que no aumenten de peso como deben por el esfuerzo de llegar al agua. Comen menos alimento si no disponen de abundante agua.

Disponer de agua fresca en un bebedero o en otro recipiente limpio, en un lugar fresco a la sombra, al que los animales tienen fácil acceso, debe ser una prioridad. Aunque muchos factores atienten contra esto, cualquier cosa que se pueda hacer para mejorar la calidad y la disponibilidad de agua, resultará en más salud en general y en un crecimiento eficiente.

Vea dibujos de bebederos en capítulos anteriores.

2. Importancia de proveer alimento limpio por medio de comederos Otros métodos

El uso de comederos para prevenir que los animales coman comida del suelo brinda muchas ventajas. La comida que se come del suelo por lo general contiene excrementos, lo que asegura que organismos que causan enfermedades, como huevos y larvas de parásitos, sean ingeridos con el alimento.

Dar de comer en el suelo aumenta la posibilidad de que la comida se eche a perder. Esto empeora los problemas de salud. Aumenta el desperdicio de comida. Los factores relacionados con la salud y el aumento de desperdicio de comida debe motivar al granjero a eliminar, donde sea posible, dar de comer en el suelo a todas las especies de animales y especialmente a los cerdos.

En la mayoría de las granjas pueden encontrarse materiales económicos y sobrantes de los cuales hacer abrevaderos, rejillas y otros comederos. Restos de madera, metal y llantas son los que más se usan, aunque el concreto y troncos ahuecados pueden ser más comunes.

Usar comederos para no dar de comer en el suelo es un método sencillo, básico para mejorar más la salud y el crecimiento de animales. Agregado a otras prácticas de manejo listadas en esta sección, los resultados pueden ser impresionantes.

Vea en otra sección de este libro dibujos de comederos y otros recipientes para dar de comer a los cerdos.

F. Otras consideraciones para mantener saludables a los animales

1. Separación de animales enfermos: Esta es una práctica importante y muchas veces descuidada que puede retardar y aun prevenir la propagación de enfermedades en un grupo de animales.

Sacar rápidamente los primeros animales enfermos (o aún mejor: sacar los sanos de donde están los enfermos) disminuirá, y quizá detendrá la propagación de enfermedades contagiosas.

Un buen ejemplo es la diarrea de los lechoncitos. Es posible prevenir la propagación de esta enfermedad simplemente separando los animales enfermos de los sanos.

Siempre que surjan problemas de salud, los otros animales tienen que ser excluidos del área. (Durante varios meses, si es posible.)

2. Deshacerse rápidamente de animales muertos: Deshacerse inmediatamente de animales muertos enterrándolos o incinerándolos es una práctica esencial para reducir o prevenir la propagación de enfermedades tal como lo es separar a los enfermos de los sanos.

Deben enterrarse o incinerarse a cierta distancia de los animales sanos. El sitio para disponer de los animales muertos debe ser seleccionado con cuidado, no sólo para detener la propagación de enfermedades en los animales, sino también para eliminar la posibilidad de infectar a los humanos con ciertas enfermedades de animales.

3. Condiciones ambientales (de vida)

Refiérase a la página 9, "Un ambiente sano".

Sección V

Problemas de salud

I. Consideraciones generales sobre prevención de problemas de salud en los cerdos

Los problemas de salud son costosos para el granjero porque inciden sobre la reproducción, la supervivencia de los lechoncitos, el raquitismo y la muerte. Con mucha frecuencia los animales raquíticos, de crecimiento lento, son un problema económico de marca mayor. Siguen comiendo pero les lleva más tiempo llegar al peso de mercado o carneada. Algunos nunca llegan a ese punto.

Muchas veces no se dispone de la asistencia de un veterinario ni de medicamentos para tratar a los animales enfermos y, si los hay, significan un gasto extra. Los animales enfermos que son tratados exitosamente y se curan, por lo general quedan raquíticos. Les lleva más tiempo llegar al peso de carneada.

Por esta y otras razones el granjero debe tratar de prevenir los problemas de salud.

Esta sección se concentra en comprender los problemas potenciales y maneras de prevenirlos. Una descripción detallada de todas las enfermedades posibles no está dentro del alcance de este libro. No obstante, se enfocan algunas que merecen atención especial.

A. La limpieza es la primera regla de la cría del ganado lucrativo.

Es errónea la idea generalizada de que los cerdos son sucios por naturaleza y que prefieren chiqueros barrosos para revolcarse, corrales sucios, agua para tomar estancada y pasturas pantanosas. De hecho, esa creencia ha llevado a muchos problemas de salud innecesarios y serios en los cerdos.

Donde quiera que haya materia fecal (excrementos animales-bosta) casi siempre hay gérmenes y huevos de lombrices. Los gérmenes y los huevos de lombrices sobreviven bien donde hay humedad y falta de sol. Por lo tanto, cualquier cosa que podamos hacer para tener un buen programa de limpieza ayuda a prevenir muchos problemas de salud.

Las siguientes son sugerencias para una **limpieza básica**.

1. Sitúe los corrales y pasturas en el terreno más alto, con buen drenaje.

2. Haga rotación de corrales y pasturas con frecuencia, déjelos sin usar. Esto permite que disminuyan los gérmenes y los huevos de lombrices. Las cerdas que amamantan y las crías deben ponerse en el terreno más limpio (en los cuales no hay cerdos).

3. La comida y el agua deben colocarse en bebederos, comederos o recipientes. En caso contrario, los cerdos ingerirán gérmenes y huevos de lombrices del suelo al comer y beber.

4. Debe limpiarse frecuentemente el edificio con jabón y agua y el material sucio de las camas debe ser cambiado. Al vaciar los edificios deben limpiarse bien. (Vea más adelante notas sobre desinfectantes.)

Los edificios temporarios (portátiles) deben ser cambiados de lugar con frecuencia. Esto ayuda mucho a reducir la cantidad de gérmenes y huevos de lombrices a los que están expuestos los cerdos. Es importante cambiar de lugar los edificios y dejar atrás la suciedad.

Dado que los edificios con pisos son tan difíciles de limpiar y desinfectar adecuadamente, deben ser usados únicamente bajo ciertas condiciones, como en áreas de frío extremo. Vea notas anteriores en la Sección Ambiente.

Desinfectantes

Estos son productos químicos que matan a los gérmenes y que se pueden usar en las instalaciones de los cerdos. Productos comúnmente disponibles:

1. Cal (Hidróxido de sodio). Mezcle 0,45 kg en 40 l de agua; mata gérmenes, pero su uso es peligroso si no se toman precauciones. Porque puede causar quemaduras en la piel y problemas serios en los ojos e internamente, debe ser usada con cuidado. Use GUANTES DE GOMA, ANTEOJOS PROTECTORES Y BOTAS, SI ES POSIBLE.

2. El cloro para uso doméstico diluido según las instrucciones en la botella mata satisfactoriamente los gérmenes. Uselo con cuidado.

Hay muchos desinfectantes comerciales. Son costosos, y en la mayoría de las situaciones primitivas su uso no es práctico. En otros casos, las medidas de limpieza anteriormente descritas son por lo general satisfactorias.

Nota: Si se han desinfectado los recipientes para comida o agua, deben ser enjuagados bien antes de volver a usar.

B. Nutrición

Esto se explicó bien en la Sección sobre Nutrición. No obstante, uno no puede enfatizar demasiado la importancia de la buena salud y la resistencia a infecciones.

C. Estrés por el clima. La protección contra temperaturas cálidas y frías extremas, sea por medios naturales o artificiales, es muy importante para mantener una buena salud y resistencia contra infecciones. El estrés por las condiciones climáticas puede reducir la resistencia y producir problemas serios. Refiérase a notas anteriores en la Sección Ambiente.

D. Vacune contra enfermedades que son un problema en el área. Consulte a las autoridades agrícolas y veterinarias y a otros con conocimientos de salud animal en su región. Pueden ayudar a encontrar quien provea las vacunas y demostrar su uso. Hay Notas Generales más adelante en la Sección Enfermedades.

E. Haga tratamiento contra parásitos. Aunque esto se tratará en detalle en la sección sobre parásitos, conviene enfatizar la importancia que tiene el control de los parásitos en mantener la salud y la resistencia a infecciones. La prevención, el control y tratamiento de parásitos (lombrices e insectos), son factores importantes en la buena salud.

II. Saber cómo es el cerdo sano normal y reconocer los síntomas de problemas de salud

Cuanto más sepa usted de la naturaleza básica del cerdo, más probable será que críe cerdos sanos.

Si ha de reconocer al cerdo enfermo, primero tiene que saber cómo se comporta el cerdo sano normal.

Los cerdos deben ser observados más como grupo que como individuos, porque la mayoría de las enfermedades y otras condiciones por lo general afectan a varios animales. Deben ser observados cuando están quietos, más bien que cuando usted está trabajando con ellos y trasladándolos.

A. Temperamento: El cerdo normal es un animal muy curioso, alerta, que constantemente anda husmeando e interesándose en observar a cualquiera que se acerca al corral, sean personas u otros animales.

El cerdo enfermo parece apagado y sin energía, sin curiosidad. Con frecuencia no quiere levantarse y moverse, aun cuando se lo obliga. Puede estar débil y tener mala coordinación.

B. Apetito: La falta de apetito es una de las primeras y más constantemente reconocibles señales de enfermedad. Con frecuencia es indicio de fiebre por infecciones y enfermedades.

C. La materia fecal reciente es una buena indicación de que sí hay algún problema de salud. Si es de consistencia dura puede significar fiebre. De consistencia blanda (diarrea), por lo general significa una infección intestinal. Con frecuencia es causada por lombrices intestinales. A veces puede ser por problemas de nutrición, como cambios súbitos en la dieta. Diversos venenos pueden causar diarrea.

D. La respiración normal es un movimiento tranquilo hacia afuera y hacia adentro de los músculos en el área de las costillas. Cualquier interrupción de la respiración tranquila, como movimientos entrecortados, tos o estornudos es indicativo de problemas respiratorios. La respiración normal (respiración por minuto) en el cerdo, es de 10 a 18 por minuto. Cuando es más que esto, por lo general es indicativo de un problema

La bronquitis es un problema respiratorio benigno cuyos síntomas son usualmente una respiración más rápida que la normal y un cambio sutil en el modo de respirar. Es común que haya un poco de tos. También quizá se observen estornudos. Es un síntoma de un problema leve de los pulmones.

La pulmonía es un problema respiratorio más grave que se manifiesta por medio de una respiración entrecortada y mucho más rápida. Muchas veces hay una fuerte tos. Es síntoma de un problema pulmonar grave, un animal evidentemente enfermo.

Las secreciones nasales y oculares son síntomas de problemas respiratorios y por lo general ocurren al mismo tiempo.

Los problemas respiratorios se deben a muchas causas. Las más comunes son el enfriamiento y el excesivo calor. Las lombrices pulmonares dañan los tejidos y dejan que los gérmenes causen una infección. La pulmonía y la bronquitis con frecuencia son una secuela de fiebre alta causada por otras infecciones. Por lo general, los cerdos enfermos debido a parásitos y problemas de nutrición tienen frecuentes problemas respiratorios.

E. Las temperaturas normales del cuerpo en el cerdo oscilan entre 38,8—39 grados. Cuando la temperatura ambiental es muy elevada, la temperatura normal del cerdo puede llegar hasta 39,3 grados.

La fiebre es una temperatura más elevada que la normal. Usualmente es la reacción del cuerpo a una infección, y es señal de que las defensas del cuerpo están reaccionando a esa infección. Bajo condiciones ambientales normales, la temperatura del cuerpo mayor de 39 grados es considerada como indicación de fiebre. Durante épocas de mucho calor, 39,6 grados es considerada señal de fiebre. La temperatura corporal en el cerdo se toma usando un termómetro rectal puesto en el recto durante por lo menos 3 minutos. El animal tiene que ser sujetado con fuerza durante este procedimiento.

Tomar la temperatura del cuerpo es un procedimiento sencillo que debe ser usado cuando tiene cerdos enfermos. Es un indicador de bastante confianza para determinar si uno está ante una infección-enfermedad.

Una decoloración rojiza-violácea de la piel puede ser síntoma de fiebre.

F. El color de las membranas mucosas (revestimiento de la boca y nariz e interior de los párpados) son una buena indicación del estado de salud del cerdo. El color normal sano es rojizo-rosado. Un color entre pálido y blanco, desteñido, indica anemia (falta de sangre). La anemia en el lechoncito se ha tratado anteriormente en la sección sobre reproducción y crías.

Son muchas las causas de anemia, especialmente parásitos y nutrición; quizá se note ictericia un color naranja a amarillo. Puede ser indicativo de numerosas condiciones: infecciones, parásitos en la sangre y venenos que destruyen las células de la sangre.

G. Los problemas de locomoción (movimiento) aparecen de diversas maneras:

Artritis — coyunturas dolorosas, tiesas e hinchadas y reticencia en levantarse y moverse usualmente causada por deficiencias minerales, infecciones (enfermedades como erisipela) y heridas.

Problemas de las patas — patas dolorosas, hinchadas y reticencia en poner el peso en la pata afectada por lo general causados por lesiones, infecciones y enfermedades como la aftosa.

Animales caídos (animales que no se pueden levantar) — Esto por lo general se observa en las cerdas preñadas y que amamantan, y por lo general es causado por deficiencia mineral. También puede ser causado por una grave lesión del lomo.

Debilidad y falta de coordinación — por lo general son secuelas de condiciones graves como infecciones, enfermedades, envenenamientos, etc.

III. Categorías principales de problemas de salud y sus causas más probables:

A. Problemas reproductivos evidenciado por una concepción deficiente, aborto tardío, cría débil y nacida muerta y cantidad pequeña de cría sana.

Causas:

1. Mala salud general en verracos y hembras.
   a. Problemas de nutrición, como raciones mal balanceadas y deficiencias en alimentos indispensables.
   b. Parásitos falta de prevención y tratamiento.
   c. Enfermedades crónicas como pulmonía y diarrea no fatales.
2. Estrés por temperaturas ambientales elevadas en verracos y hembras.
3. Fiebre alta en verracos y hembras debido a infecciones y enfermedades serias.
4. Enfermedades reproductivas como brucelosis y leptospirosis y otros.
5. Verracos y hembras demasiado jóvenes en el momento de concebir y verracos de servicio demasiado frecuente en un lapso corto.
6. Lesiones a hembras preñadas.
7. No ayudar en el momento del parto.

B. Escasa supervivencia de las crías evidenciada por muertes y raquitismo grave en las crías.

Causas

1: Poca leche en las cerdas madre una de las causas principales.
   a. Problemas de nutrición antes del parto y mientras amamanta a la cría. (Vea Notas sobre nutrición de cerdas preñadas y que amamantan). Esta es la causa.
   b. La fiebre en la cerda madre por lo general causa problemas de lactancia.
   c. La infección de las ubres causa problemas de lactancia y puede enfermar a los cerdos.
   d. Estrés debido al calor de la cerda madre, como en edificios mal ventilados y en cualquier ocasión en que no se le brinda a la cerda protección de la temperatura ambiental alta, probablemente cause problemas de lactancia.

2. Disentería (Diarrea movimiento intestinal flojo) otra causa importante.
   a. La limpieza deficiente en el paritorio con frecuencia produce

infecciones y es una de las causas principales de disentería.

b. Los problemas de lactancia en la cerda madre puede causar disentería.
c. Los enfriamientos reducen la resistencia a las infecciones.
d. Anemia en las crías
e. Parásitos internos lombrices

3. Enfermedades intestinales infecciones bacterianas y virales como salmonelosis, gastroenteritis contagiosa y otras.
4. Pulmonía problemas respiratorios causados por la mayoría de los factores que producen disentería, especialmente enfriamientos.
5. Enfermedades serias cólera porcina, erisipela, aftosa y otras que causan grandes pérdidas por mortandad en todas las edades.
6. No proveer alimento sólido para complementar la leche de la madre. Esto puede contribuir a un crecimiento más lento y menos resistencia a las infecciones. También aumenta el estrés del destete.
7. El estrés del destete es con frecuencia una causa principal de los problemas de salud. Se trató con amplitud en la sección sobre reproducción y crías.

C. Raquitismo crecimiento lento del animal en la etapa crecimiento/engorde después del destete. Puede ser un problema menor en que al animal le lleva más tiempo llegar al peso de carneada y puede ser un problema grave cuando los animales nunca llegan a ese punto. Es uno de los problemas económicos más serios del criador de cerdos.

Causas:

1. Nutrición la causa mayor en la mayoría de los casos. Puede ser por falta de alimento en general, pero usualmente es causado por falta de proteínas en la dieta.
2. Parásitos los parásitos internos (lombrices) son la causa principal del raquitismo en la mayoría de los casos. Esto se explica en detalle en la Sección Parásitos.
3. Continuación de cualquier problema del mamón que lo debilitan pero no lo matan. Con frecuencia el daño a los pulmones debido a la pulmonía, el daño intestinal por las lombrices y disentería, y el daño al hígado por lombrices tienen efectos de largo alcance que producen raquitismo.
4. Enfermedades e infecciones no mortales como pulmonía y diarrea que tienen efectos de largo alcance sobre los sobrevivientes.
5. El estrés ambiental como en el caso de no contar con protección de temperaturas cálidas o frías extremas.
6. Envenenamientos no fatales.

D. Pérdidas por mortandad de animales después del destete.

Causas:

1. Enfermedades infecciosas graves como cólera porcina, erisipela, aftosa y fiebre porcina africana.
2. Infecciones comunes como pulmonía y diarrea en animales no tratados adecuadamente por estos problemas comunes. Una nutrición deficiente y los parásitos con frecuencia son la causa de la debilidad que ya sufren los animales.
3. Envenenamiento Hay muchas causas de envenenamiento en los cerdos. Aunque no es un problema común es serio cuando ocurre. El tratamiento de casos de envenenamiento es caro y los resultados por lo general dejan mucho que desear.

IV. Información básica sobre tratamientos para los problemas de salud de los cerdos

En esta edición revisada incluimos algo de información básica sobre tratamientos para los problemas de salud que se ven con más frecuencia en los cerdos. Muchos han sugerido que les sería de gran ayuda. Escribir sobre este tema es muy difícil por varios factores:

a. Condiciones que parecen las mismas pueden tener muchas causas distintas y el tratamiento para cada una es difícil.

b. La mayoría de los problemas de salud son causados por una combinación de varias cosas diferentes; por ejemplo, con frecuencia la pulmonía aparece después de un enfriamiento o de haber pasado por extremo calor y puede complicarse con lombrices pulmonares. La diarrea es causada por mala nutrición, parásitos intestinales, bacterias y virus. La causa de los problemas de salud varían en diferentes áreas.

c. Las drogas se suministran de muchas distintas maneras. Las concentraciones, mezclas y nombres varían de un país a otro.

d. Existen consideraciones y precauciones especiales para cada edad del animal, especialmente para hembras preñadas y cerdos recién nacidos.

e. Con frecuencia los organismos que causan enfermedades han desarrollado una resistencia a las drogas. Las drogas que son eficaces en un área pueden no dar resultado en otra.

f. Las drogas permanecen en el cuerpo durante un lapso de tiempo variado, algunas más de un mes. Algunas pueden causar problemas si el humano come la carne que todavía tiene la droga. Por eso, uno debe siempre conocer cuándo tiene que dejar de suministrar cada droga antes de la carneada.

g. Precaución: En la mayoría de los países, existen reglamentos gubernamentales sobre el uso de medicamentos en animales comestibles que deben ser cumplidos con mucho cuidado. Por esta razón, se deben tomar precauciones extremas cuando se trata de medicamentos en animales comestibles. Lea con cuidado las etiquetas que indican el tiempo (ESPERA) antes de la carneada cuando hay que retirar el medicamento. No use medicamentos que no son recomendadas para cerdos. Si es posible, trate de obtener la ayuda de alguien capacitado en el uso de estos medicamentos.

— CUADRO DE DOSIS —

CRISTICILINA (penicilina) - 10.000 unidades por 0,450 kg

Mamones	inyección diaria IM (IM significa "intramuscular") de 1/4 -1/2 cc
9 kg-22,5 kg	inyección diaria IM de 1-2 cc
22,5kg-45 kg	inyección diaria IM de 2-5 cc
45 kg-99 kg	inyección diaria IM de 5-7 cc
99 kg-225 kg	inyección diaria IM de 7-12 cc
	*suspender 5 días antes de la carneada

FLOCILINA (penicilina de larga duración) - 10.000 unidades por 0,450 kg

Mamones:inyección IM cada tercer día de 1/4-_ cc

9 kg-22,5 kg	inyección IM cada tercer día de 1-2 cc
22,5kg-45 kg	inyección IM cada tercer día de 2-5 cc
45 kg-99 kg	inyección IM cada tercer día de 5-7 cc
99 kg-225 kg	inyección IM cada tercer día de 3-12 cc
	*suspender 30 días antes de la carneada

COMBIÓTICO (penicilina + dihidroestreptomicina)

Mamones:	inyección diaria IM 1/4-1/2 cc
9 kg-22,5 kg	inyección IM dos veces al día de 1 cc
22,5kg-45 kg	inyección IM dos veces al día de 1-2,5 cc
45 kg-99 kg	inyección IM dos veces al día de 2,5- 3,5 cc
99 kg-225 kg	inyección IM dos veces al día de 3,5-5cc
	*suspender 30 días antes de la carneada

POLIFLEX (ampicilina) - 5 mg (diluido a 25 mg/cc)

Mamones	
1-2 días:	inyección diaria IM de 1-2 cc
2-4 días:	inyección diaria IM de 2-3 cc
4-10 días:	inyección diaria IM de 3-4 cc
9 kg-22,5 kg	inyección diaria IM de 5-10 cc
	*suspender 6 días antes de la carneada

GENTOCINA (gentamicina) - dosis de 1-2mg por libra una vez al día para Mamones

-la concentración es de 5 mg/cc

el cerdo de 1,6 kg recibiría
1-2 cc intramuscular una vez al día durante 3 días

PARA CERDOS MAS GRANDES

GENTOCINA (gentamicina) - concentración de 50 mg/cc

9 kg-22,5 kg	inyección diaria IM de 2-4 cc
22,5 kg-45 kg	inyección diaria IM de 4-10 cc
45 kg-99 kg	inyección diaria IM de 10-15 cc
	*suspender 40 días antes del carneo

LA-200 (oxitetraciclina de larga duración) - 9 mg por libra

Mamones:	inyección IM cada tercer día de 1/4-1/2 cc
9 kg-22,5 kg	inyección IM cada tercer día de 1-2 cc
22,5kg-45 kg	inyección IM cada tercer día de 2-4 cc
45 kg-99 kg	inyección IM cada tercer día de 5-10 cc
99 kg-225 kg	inyección IM cada tercer día de 10-15 cc
	*suspender 28 días antes del carneo

LINCOCINA (lincomicina) 5mg por libra (concentración de 100 mg/cc)

Mamones:	inyección diaria IM de 1/4-1/2 cc
9 kg-22,5 kg	inyección diaria IM de 1-2 cc
22,5kg-45 kg	inyección diaria IM de 2-5 cc
45 kg-99 kg	inyección diaria IM de 5-10 cc
99 kg-225 kg	inyección diaria IM de 10-15 cc
	*suspender 2 días antes de la carneada

TILAN 50 (tilosina) 7 mg por libra

Mamones	inyección IM dos veces diarias de 1-2 cc
9 kg-22,5 kg	inyección IM dos veces diarias de 2-5 cc

TILAN 200 (tilosina) 7 mg por libra

22,5 kg-45 kg	inyección IM dos veces diarias de 1-2 cc
45 kg-99 kg	inyección IM dos veces diarias de 1-5 cc
99 kg-225 kg	inyección IM dos veces diarias de 5-15 cc
	*suspender 14 días antes del carneo

Tratamiento para mamones

Los siguientes son sugerencias para tratamientos básicos. No obstante, hay muchas diferentes maneras de tratar cualquier problema.

1. **Cojera, lesiones en los dedos o pezuñas, coyunturas hinchadas e infección umbilical.**
   a. Cristicilina tratar durante tres días por inyección
   b. Flocilina una inyección cada 49 horas
   c. Lincocina tratar durante tres días por inyección
   d. Cetiofur —50 mg/cc inyectar 1cc/10-16,8 kg vía IM una vez por día para cojera
2. **Disentería (diarrea)**
   Tratamientos inyectables tratar a toda la camada durante 2-3 días
   a. Tilan 50
   b. Gentocina
   c. Poliflex (ampicilina)
   d. Cetiofur

   Medicamento oral para la diarrea

   Hay muchas combinaciones de antibióticos orales preparados comercialmente para disentería de los mamones y se da tratamiento a toda la camada si uno está enfermo.
3. **Pulmonía del mamón**
   a. Tilan 50 durante tres días por inyección
   b. LA-200 (terramicina) cada tres días por inyección
   c. Cristicilina tratar diariamente durante tres días por inyección
   d. Combiótico tratar diariamente durante tres días por inyección
   e. Cetiofur tratar una vez por día por inyección
4. **Anemia del mamón**
   Inyectar 1-2cc (100 mg/cc) de dextrano de hierro a los 3-5 días de haber nacido; repetir a los 14-21 días si todavía está en un galpón con piso.

   *hay productos más nuevos que van apareciendo en el mercado que sólo requieren la administración de una sola inyección

   Hay preparaciones orales (por la boca) disponibles comercialmente pero no son tan efectivas ya que los cerdos pueden no tragarlas

   En casos de emergencia: Colocar tierra limpia, preferiblemente arcilla (tierra amarilla pesada) a disposición de los cerdos para ingerir en el corral.

   También se puede usar jugo de tomate Vea la sección VII-14. Notas sobre anemia del mamón en la sección Confinamiento básico. Sección VII, página 129
5. **Cerdos recién nacidos y mamones débiles y famélicos**
   — 30 ml - 2 cucharadas melaza en cuatro litros de agua para tomar.
   — leche tibia fresca o en polvo preparada o en lata.
   — azúcar en el agua (5, 10, 50%) que toman. Ofrecer todas estas mezclas que contienen energía por separado o en un bebedero.

6. Infecciones de la piel (dermatitis) — tratar en cuanto aparecen

Aplicar tintura de yodo estándar (7%) a las lesiones
inyectar Cristicilina diariamente durante tres días
o inyectar Flocilina (de larga duración) cada dos días

7. Infecciones en la piel (dermatitis) de la cara por riñas con los colmillos

Cortar los colmillos el primer día tal como se describe en la sección sobre manejo de mamones.
Aplicar tintura de yodo estándar.
Inyectar Cristicilina o Flocilina si la infección es grave.

Tratamientos para cerdos mayores y animales más grandes en etapa de crecimiento

1. Cojera, artritis, coyunturas hinchadas

Inyectar Flocilina cada 48 horas
Inyectar Cristicilina diariamente durante 3-5 días
Lincocina dos veces al día durante 3-5 días

2. Diarrea (disentería)

Neomicina-Terramicina en el agua que toman durante 5-7 días. Para mezclar, siga las indicaciones de la etiqueta.
Sulfatiazol de sodio en el agua que toman durante 5-7 días. Para mezclar, siga las indicaciones de la etiqueta.
LA 200 inyectable; dos inyecciones en intervalos de tres días.

3. Pulmonía aguda con muchos animales enfermos, que no comen, dificultad extrema para respirar, fiebre alta. Flocilina inyectable o LA 200 cada 48 horas.

4. Pulmonía crónica: animales enfermos durante varias semanas o más, raquíticos pero la mayoría sigue comiendo.

LA 200 inyectable
Tilan 200 inyectable Lincocina inyectable
Sulfatiazol de sodio en el agua que toman, mezclando según las indicaciones de la etiqueta.
Lincocina inyectable
Terramicina soluble en el agua para tomar, mezclando según las indicaciones de la etiqueta.

Todos los tratamientos para pulmonía crónica deben continuarse durante una semana como mínimo.

(La sección anterior ha sido adaptada de información suministrada por el Dr. Gordon L. Coppoc y el Sr. R. Kinsell del Departamento de Fisiología y Farmacología Veterinaria de Purdue University School of Veterinary Medicine.)

Administre correctamente todas los medicamentos, inyectables y orales

<table>
<tr><th colspan="2">CUADRO DE REFERENCIA PARA INYECCIONES</th></tr>
<tr><td>
SUBCUT NEAS:
Deposita la droga bajo la piel:

✓ Inyectar únicamente en áreas limpias, secas.

✓ Usar la piel colgante del costado de la barriga y del codo en los cerdos pequeños.

✓ Usar la piel colgante detrás de las orejas de las cerdas.

✓ Deslizar la aguja debajo de la piel alejando la punta del sitio del pinchazo antes de inyectar el medicamento.

INTRAMUSCULAR:
Deposita la droga en el músculo

✓ Usar un lugar en el cuello justo detrás o debajo de la oreja.

✓ Debe usarse el área del cuello para inyecciones intramusculares.

✓ Dañar el pernil puede resultar en que se condene el corte de carne.

✓ Usar una aguja del tamaño correcto para asegurar que el medicamento es inyectado en el músculo.
</td><td>
Técnicas correctas para aplicar inyecciones:

✓ Asegurarse de tener sujetado correctamente al animal antes de aplicarle una inyección.
✓ Asegurarse de la posición correcta de la jeringa.
✓ Asegurarse de haber colocado la aguja correcta en la jeringa.
✓ Evitar hinchazones y/o abscesos en el sitio de la inyección.
✓ Usar agujas desinfectadas correctamente.
✓ Inyectar sólo en áreas limpias y secas.
✓ Prevenir contaminación No use la misma aguja para dar inyecciones a los cerdos y descarte el producto de las ampo llas con múltiples dosis.

Consultar con su veterinario sobre las reacciones potencialmente adversas de los medicamentos y las vacunas.
</td></tr>
<tr><td colspan="2">Consulte la etiqueta del producto para ver la forma correcta de administrar cada inyección</td></tr>
</table>

CUADRO DE REFERENCIA PARA INYECCIONES

INTRAPERITONEAL:

✓ Debe ser usado únicamente bajo las indicaciones y la dirección de un veterinario ya que puede causar daños serios a los órganos abdominales.

Evitar el uso de agujas dobladas o rotas:

✓ Asegurarse de tener sujetado correctamente al animal antes de aplicarle la inyección.

✓ Cambiar las agujas dobladas ya que tienden a romperse.

✓ Cambiar las agujas cada 20 aplicaciones.

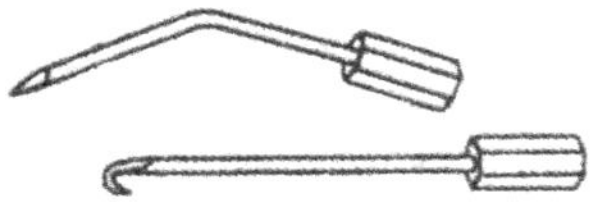

Inyección intramuscular

	Calibre	Largo
Mamones	18 ó 20	1,3 cm
Lechones	16 ó 18	0,6 cm
Acabados	162	2,5 cm
Animales reproductores*	14 o 16	2,5 - 3,8 cm

*depende de la profundidad de la gordura en el lomo y el método usado para inmovilizar al animal

Inyección subcutánea

	Largo
Lechones	1,3 cm
Acabados	2 cm
Cerdas	2,5 cm

Este material fue provisto por cortesía del National Pork Producer Council, USA y la Pfizer Animal Health, USAV.

Consulte la etiqueta del producto para ver la forma correcta de administrar cada inyección

V. Parásitos internos y su rol en los problemas de salud del cerdo

Los parásitos internos (lombrices) y los parásitos externos (insectos) son una causa principal de los problemas de salud del cerdo. Porque son tan serios se necesita tener un buen conocimiento general de estos parásitos, los problemas que causan, cómo prevenirlos y tratar a los animales para combatirlos.

A. Hay que conocer las lombrices. Los cerdos pueden tener muchas especies de lombrices parásitas. Sus condiciones comunes de vida, áreas bajas pantanosas, sucias y el revolcarse en la tierra, favorecen la subsistencia y propagación de las lombrices. Todas las especies de lombrices que infectan a los cerdos son factores importantes o contribuyentes al raquitismo, al mal aprovechamiento de los alimentos, a una menor resistencia a las enfermedades y a una salud general deficiente. Vienen en varios tamaños desde los strongylidae que son como un hilo hasta los ascárides del tamaño de un lápiz. Se localizan en:

1. El estómago e intestino:

Ascáride—Lombriz redonda grande.
Oesophagostomum—Lombriz nodular.
Strongylidae—Lombriz Oxiuros
Trichuris —Lombriz intestinal
Hyostrongylus —Lombriz estomacal roja.
Ascarops—Lombriz estomacal gruesa.
Macracanthorhynchus—Lombriz espinosa
Espiruroides (espiruqueto)—Varias especies. Ascárides, fisocéfalos, gongylonema de estómago pequeño y lombrices intestinales que migran a través del hígado y causan irritación intestinal y raquitismo.

Hay otras lombrices estomacales e intestinales en distintas regiones del mundo que atacan a los cerdos, pero por lo general son similares a las que aquí se describen.

2. Tres especies de **lombrices pulmonares** atacan a los cerdos; dos son de las especies *metastrongylus* y una de la especie *choerostrongylus*
3. En la región de los riñones, la **lombriz renal** del cerdo, *el stephanurus,* representa muchas veces un problema serio. También causa graves daños al hígado.
4. **Platelmintos:** Un tipo de gusano trematodo chato común en muchas partes del mundo, por lo general en áreas bajas pantanosas.
   Fasciola: Fluke común hepático
   Paragonimus: Fluke pulmonar

5. Las **tenias y triquinas** son, bajo ciertas circunstancias, un posible peligro para los humanos y serán explicadas por separado.

B. El efecto de las lombrices en la salud del cerdo depende de la especie de lombriz y dónde se ha localizado en el cuerpo. Las lombrices agravan los problemas en los animales ya debilitados por una mala nutrición y por otros problemas de salud.

LAS LOMBRICES ESTOMACALES E INTESTINALES causan irritación de las paredes de estas áreas y producen problemas digestivos, diarrea, mal aprovechamiento del alimento y raquitismo. Muchas especies causan su mayor daño chupando sangre y debilitando la resistencia a otros problemas de salud. Algunas especies causan daño al hígado y los pulmones migrando por todo el cuerpo en sus primeras etapas. Todas éstas son muy graves para el mamón tanto como para animales de más edad.

LAS LOMBRICES PULMONARES se desarrollan en los pequeños pasajes de aire de los pulmones y causan una irritación que interfiere con la función pulmonar normal y con frecuencia producen bronquitis y pulmonía. Esto hace que el animal sea costoso y raquítico. Los animales afectados tienen una tos severa.

LAS LOMBRICES RENALES en sus etapas inmaduras, migran a través del hígado y causan daños graves. Luego migran al área de los riñones y causan una irritación severa. Dado que los riñones y el hígado son órganos tan importantes, esto provoca que el animal sea raquítico y costoso.

LOS PLATELMINTOS HEPATICOS dañan el hígado al irritar y bloquear los pasajes de bilis. El daño al hígado produce raquitismo, mayores costos en general y poca resistencia a las enfermedades.

LOS PLATELMINTOS PULMONARES causan irritación en los pulmones y efectos secundarios similares a las lombrices pulmonares.

Todas las especies de parásitos internos (lombrices) mencionados causan raquitismo, mal aprovechamiento de la alimentación y mala salud en general.

C. Ciclos de vida de las lombrices.

Todas estas lombrices pasan parte de su ciclo de vida *fuera del cuerpo de los cerdos. Saberlo es la clave para su prevención y control.* Se debe tratar de interrumpir el ciclo de vida y prevenir la propagación desde un animal infestado a uno sano. Todas estas lombrices tienen adultos en el cuerpo que ponen huevos extremadamente pequeños (tan pequeños que no se pueden ver a simple vista) y finalmente pasan fuera del cuerpo en la materia fecal (lombrices estomacales e intestinales); salen con la tos, son tragadas y pasadas en las feces (lombrices pulmonares y platelmintos pulmonares), y por la orina (lombrices renales). El próximo animal se infesta, ingiriendo estos huevos en la comida o en el agua contaminada con feces u orina de un animal infestado. En algunas especies los huevos incuban en el suelo y desarrollan larvas en áreas pantanosas y húmedas y penetran la piel.

La etapa intermedia de la lombriz pulmonar se introduce en una lombriz de tierra y es comida por el animal sano.

Algunos platelmintos tienen una etapa intermedia en la que se introducen en caracoles y cangrejos y son ingeridos por el animal sano.

El escarabajo pelotero y algunas larvas son la etapa inmediata de las lombrices espinosas.

Las lombrices ascárides y las strongyloides pueden migrar del intestino al feto del cerdo.

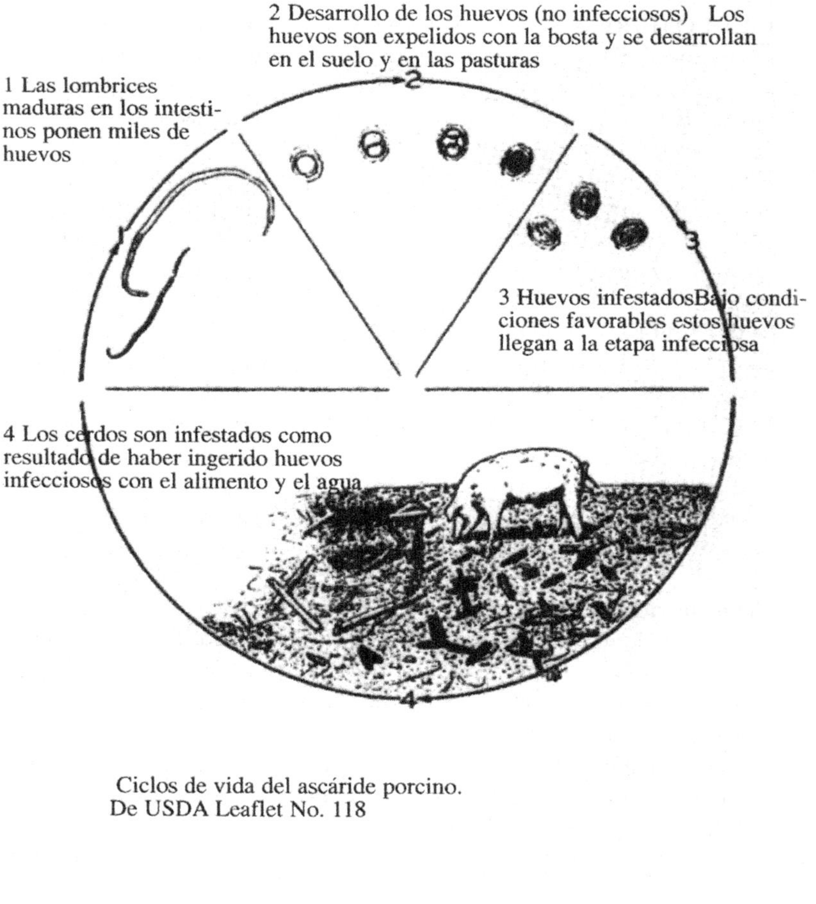

Ciclos de vida del ascáride porcino.
De USDA Leaflet No. 118

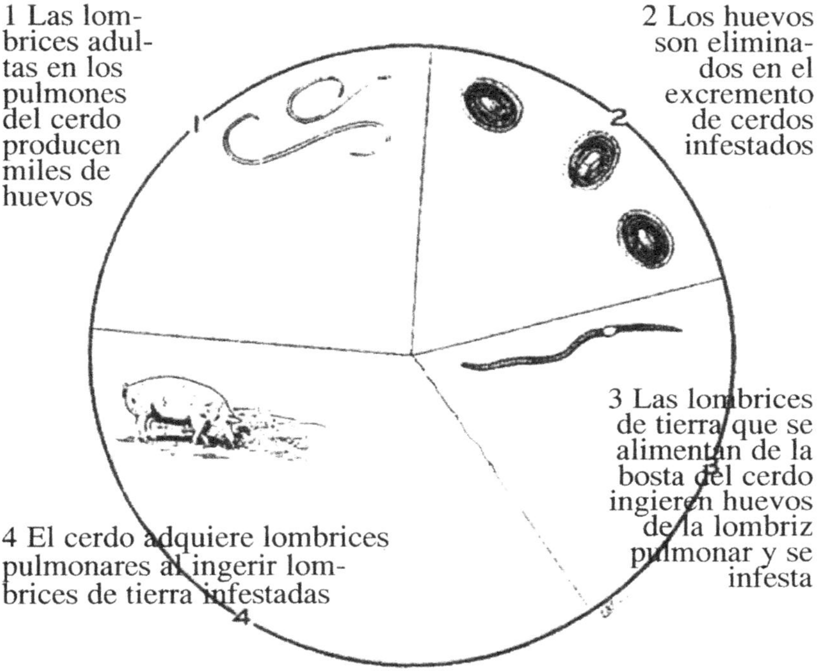

Ciclos de vida de la lombriz pulmonar porcina.
De USDA Farmers Bulletin 1787

Los strongyloides y las lombrices renales incuban y nacen de huevos en tierra muy mojada. En sus etapas inmaduras penetran el cuerpo por la piel.

D. Prevención y control de lombrices en los cerdos

Esto se basa en nuestro conocimiento del ciclo de vida de estas lombrices, más el hecho de que todas pasan parte de su ciclo de vida fuera del cerdo. También se basa en nuestro conocimiento de que el alimento y agua contaminados de material fecal y orina, son el método principal de propagación.

1. Una buena limpieza básica como se ha explicado anteriormente en detalle.

2. La rotación de corrales y pasturas donde los cerdos se trasladan de un área a otra permite que la cantidad de huevos en la tierra disminuya. Esto se aplica especialmente cuando se usan para los cerdos áreas bajas, pantanosas.

3. Mantener a los cerdos recién nacidos y a sus madres apartados de otros cerdos a fin de reducir la probabilidad de que se infesten a una edad temprana.

4. Parir cerdas y mantener a los mamones en el terreno más limpio y menos usado. Esta es una consideración de primera importancia. Las lombrices causan su peor daño en los cerdos más jóvenes y cuanto más se pueda prevenir o minimizar una infestación más probabilidades tendrá el cerdo de ser saludable.

5. Hasta donde sea práctico, mantenga a los cerdos alejados de áreas mojadas, pantanosas donde los huevos de lombrices sobreviven tan bien. Esto disminuye la probabilidad de que incuben y nazcan de los huevos y que en sus etapas inmaduras penetren la piel. Es esta área donde se encuentran usualmente lombrices de tierra, caracoles y cangrejos, organismos huésped intermedios de lombrices pulmonares y platelmintos . Si tiene que usar terreno bajo, mojado para los cerdos, trasládelos con frecuencias a áreas no usadas recientemente.

6. Provea agua fresca en bebederos limpios u otros recipientes. Esto reduce la probabilidad de contaminación con materia fecal y orina.

7. Dé de comer grano, alimento molido, desperdicios en comederos limpios u otros recipientes

8. Tratamiento con medicamentos para lombrices: Esto reduce la cantidad de lombrices adultas que pueden poner huevos y reduce la probabilidad de contaminar el alimento y el agua. Es una de las prácticas más necesarias en la crianza de cerdos saludables.

9. Nota especial: Impida que los cerdos tengan acceso a excrementos humanos y caninos, para reducir la probabilidad de infestarse con tenias y triquinas que puedan infestar a las personas.

Siempre cuesa los desperdicios hirbiéndolos treinta minutos antes de dárselos de comer a los cerdos

E. Medicamentos Tratamientos contra lombrices

Hay muchos medicamentos. Algunos de éstos son eficaces contra muchas especies de lombrices (de amplio espectro) y otros sólo contra una o dos especies. Por lo general, los remedios de amplio espectro deben ser usados si se pueden conseguir. Las condiciones que favorecen a una especie de lombrices muchas veces son satisfactorias para otras. La mayoría de los cerdos están infestados con varias especies.

En algunas áreas el granjero puede tener la opción de varios medicamentos (para desgusanar). En otras áreas las opciones pueden ser limitadas. En algunas áreas el granjero quizá tenga que improvisar usando productos para vacas, ovejas o gallinas como último recurso sabiendo que no son lo ideal y que pueden causar problemas. Por estas razones se listan muchos productos. Hemos de considerar que DESGUSANAR ES CASI UNA NECESIDAD EN LA CRIANZA DE CERDOS SALUDABLES.

No se incluyen las dosis, porque estos medicamentos vienen en diferentes formas y concentraciones. *Siga siempre las indicaciones del embase para usarlos correctamente.* Los nombres de los productos químicos se enlistan primero, seguido por los nombres de marcas entre parétesis. Éstos pueden variar en distintas regiones del mundo.

1. PRODUCTOS DE AMPLIO ESPECTRO PARA DESGUSANAR.

Estos son muy efectivos contra muchas especies de lombrices. Úselos siempre que pueda conseguirlos.

a. Fenbendazole (Panacur) es eficaz para combatir una cantidad de lombrices estomacales, intestinales y renales.

Es efectivo contra el trichuris trichiura si se da diariamente durante por lo menos tres días.

b. Levamisole (Tramisole, Levasole, Ripercol) es efectivo para combatir la mayoría de las lombrices estomacales e intestinales. Su efectividad para combatir lombrices pulmonares lo hace muy deseable. Es también efectivo para combatir la lombriz renal.

Precaución: Úselo sólo oralmente (por la boca).

c. Diclorvos (Atgard) es eficaz para combatir la mayoría de las lombrices estomacales e intestinales. Es uno de los más efectivos contra trichuris trichiura que pueden causar diarrea grave.

d. Ivermectina (Ivomec) es un producto inyectable que da buenos resultados contra todas las especies de lombrices internas. También es efectivo para combatir los parásitos externos. Se usa para las vacas y puede encontrarlo en su área. Tenga en cuenta que las dosis es distinta.

e. Doramectina (Dectomax) es un remedio inyectable para desgusanar que es efectivo contra casi todas las especies de lombrices pero no es tan efectivo contra el trichuris trichiura como algunos otros. Es efectivo contra parásitos externos. No use con los cerdos la fórmula para ducharlos.

2. OTROS REMEDIOS USADOS COMÚNMENTE PARA DESGUSANAR

a. Piperazine Es efectivo para combatir dos de las lombrices más comunes: ascáride y Oesophagostomum, la lombriz grande redonda y la lombriz nodular. Las granjas de aves de corral usan este producto y pueden ayudar a encontrarlo. Úselo únicamente si no puede conseguir uno de los medicamentos de amplio espectro mencionados en el inciso anterior, ya que es eficaz contra dos de las muchas especies.

b. Thibendazole (TBZ, Omnizole) puede ser usado en mamones hasta de apenas una semana y en cerdos con problemas graves de lombrices. Por lo general la madre estaba muy infestada de lombrices y no fue tratada antes del parto. Las granjas con vacas y ovejas usan este producto, pero debe usarse únicamente si no se puede conseguir uno de los medicamentos de amplio espectro mencionados.

c. Pyrantel (Banminth) es efectivo contra ascárides y Oesophagostomum, se usa si no se puede conseguir un medicamento de amplio espectro.

d. Fenotiacina es un medicamento para desgusanar vacas y ovejas que ha sido usado con cerdos. Con frecuencia causa náuseas a los cerdos y debe ser usado cuando no se pueden conseguir otros. Es efectivo para combatir sólo dos especies de lombrices. NO USAR CON CERDAS PREÑADAS. EVITE DAR SOBREDOSIS:

e. Triclorfon (Neguvon) es un producto para mezclar con el alimento efectivo para combatir ascárides y hyostrongylus, ADVERTENCIA: NO DAR A CERDAS PREÑADAS NI A VERRACOS. Siga estrictamente las

Nota: *Hay muchos otros productos que se están usando satisfactoriamente en diferentes regiones del mundo. El autor apreciaría recibir información sobre otros productos comerciales y remedios caseros en uso. Vea su dirección postal en las últimas páginas del este libro.*

F. Programación de los tratamientos

1. Bajo circunstancias normales: sin mayor raquitismo o diarrea.

a. Cerdas preñadas administrar tratamiento para desgusanar, 1-2 semanas antes del parto USANDO UN MEDICAMENTO APROBADO PARA ESTE CASO: NO USE DROGAS NO APROBADAS PARA CERDAS PREÑADAS.

b. Cerdos unos días después del destete — ABSOLUTO
Si los síntomas son graves y el destete es posterior a las 5-6 semanas de edad, puede ser necesario usar alrededor de las 4-5 semanas de edad uno de los productos aprobados para mamones
Repetir el tratamiento 4 semanas después.

c. Desgusanar a los verracos 2-4 veces al año con un producto aprobado para cerdas preñadas.

d. Cerda joven administrar un tratamiento para desgusanar 30 días antes de ser servida por primera vez, usando un medicamento de amplio espectro.

2. Problemas graves por raquitismo, crecimiento lento y diarrea

a. Tibendazole a mamones de una semana.

b. Medicamento de amplio espectro para desgusanar a las 4-5 semanas de edad.

c. Repetir el tratamiento después de un mes y nuevamente dos meses después del segundo tratamiento.

d. Cerdas preñadas 1-2 semanas antes de parir, con un medicamento aprobado.

Repetir después del destete y antes de volver a servir.

El tratamiento para desgusanar a los hatos con graves problemas es muy costoso. Por ello las medidas de prevención y contros ya explicadas deben ser seguidas para reducir la necesidad de mucha medicación, ahorrar dinero y tener cerdos más sanos.

G. Formas de drogas para desgusanar y notas sobre el uso de ellas

1. Para pocos cerdos

POLVO O TABLETAS MACHACADAS DE MEDICAMENTO PARA DESGUSANAR en una cantidad pequeña de alimento. Seguir las indicaciones.

LAS TABLETAS son difíciles de administrar a cerdos, especialmente a los más grandes.

POCIONES usadas con frecuencia pero se debe tener cuidado de impedir que se ahoguen lo cual puede causar la muerte o una pulmonía.

LAS PREPARACIONES PARA ECHAR SOBRE LA PIEL por lo general no dan buenos resultados en los cerdos.

2. Para muchos cerdos

Medicamento para desgusanar en el agua cuyas indicaciones en la etiqueta recomiendan este uso da buenos resultados, pero no se debe permitir que los animales tengan acceso a ninguna otra fuente de agua para tomar.

3. LAS INYECCIONES dan buenos resultados pero se necesita tener experiencia. Las jeringas y agujas tienen que ser esterilizadas o deben usarse las descartables. Las inyecciones dan buenos resultados en los animales adultos. Pueden ser usadas para los de otras edades.

4. MEDICAMENTOS EN LOS ALIMENTOS se usan pero con frecuencia no se pueden conseguir en muchas áreas y por lo general no vienen en paquetes para pocos animales.

H. Medicamentos aprobados para desgusanar cerdas preñadas

1. Diclorvos (Atgard)
2. Levamisole (Tramisol)
3. Fenbendazole (Panacur)
4. Ivermectin (Ivomec)
5. Doramectin (Frctomax)
6. Tibendazole (TBZ, Omnixole usado con menor frecuencia)

Por favor recuerde: *Los medicamentos para desgusanar pueden causar serios problemas si no se siguen cuidadosamentes las indicaciones de las etiquetas en lo referente a las dosis, maneras de administrar, edad de los animales y estado de preñez*

Por favor recuerde: *Los productos e indicaciones en las etiquetas para su uso pueden variar de un país a otro.*

Por favor recuerde: *Los medicamentos para desgusanar, como todos los medicamentos, consignan, le dicen, cuándo se deben retirar antes de la carneada. Siga las indicaciones cuidadosamente.*

1. Los platelmintos (flukes) son lombrices planas, de la forma de una hoja que infestan a muchos animales. Varias especies de platelmintos pulmonares y hepáticos infestan a los cerdos. Los platelmintos pulmonares causan daños similares a las lombrices pulmonares que producen bronquitis, pulmonía y raquitismo grave. Los platelmintos hepáticos dañan el hígado y causan raquitismo.

Los platelmintos en los cerdos por lo general se encuentran donde los animales tienen acceso a lugares bajos, mojados, pantanosos. Esto se debe a que las etapas intermedias fuera del cerdo requieren cangrejos o caracoles como parte de su ciclo de vida. Dado que los caracoles y cangrejos se encuentran en áreas bajas, pantanosas, el control y prevención obvios es limitar el acceso de los cerdos a dichos lugares.

No hay una manera práctica y segura de tratar a animales infestados de platelmintos.

J. Lombrices porcinas que pueden afectar a los humanos:

1. Tenias La tenia del cerdo, taenia solium, afecta a los cerdos en su etapa intermedia, mientras que la etapa adulta es la que afecta a los humanos. La etapa intermedia en los cerdos se manifiesta como una lesión, que parece una ampolla pequeña, en varios órganos y músculos. Los humanos se infestan comiendo productos porcinos crudos o mal cocidos. La etapa intermedia se desarrolla hasta ser una tenia adulta, que causa problemas de salud en los humanos. Segmentos de la lombriz adulta son expelidos en los feces humanos.

Los cerdos se infectan cuando tienen acceso a excrementos humanos por revolcarse en la tierra, o cuando su alimento y agua están contaminados.

El control y prevención se realizan limitando el acceso de los cerdos a feces humanos, por medio de buenas prácticas sanitarias por parte de los humanos y cociendo bien toda carne de cerdo para consumo humano.

La tenia hidatídica (echinococcus granulosus) es una tenia que infesta a los cerdos en la etapa intermedia y a los perros en la etapa adulta. Ocasionalmente los humanos se infestan por comer cerdo crudo o mal cocido. El control incluye impedir que los perros anden por los rediles y pasturas de los cerdos e impedir que los perros coman productos porcinos crudos. Debe evitarse la práctica de dar a los perros sobrantes de puerco crudo en la carneada.

2. Triquina (trichinella spirallis) es la lombriz parásita del cerdo. Es la que se cree que con más frecuencia causa problemas en los humanos. La triquina es una lombriz microscópica en la carne muscular del cerdo. Los humanos se infestan cuando comen carne de cerdo cruda o mal cocida. Los perros y otros animales carnívoros se infestan por comer cerdos muertos o desperdicios porcinos. El control y prevención en los cerdos y de problemas posteriores en humanos es por medio de cocinar la basura e impedir que los cerdos tengan acceso a feces humanas y caninas. Los cerdos muertos deben ser enterrados o incinerados.

Siempre hay que cocinar bien los productos porcinos si son usados por humanos.

Esta es la lombriz parásita en el cerdo que ha provocado la mayor parte de la resistencia al consumo del cerdo. Si se siguen las pocas sugerencias recién descritas, el cerdo es totalmente seguro para el ser humano.

V. Parásitos externos (insectos) que afectan al cerdo

A. Los parásitos externos en los cerdos incluyen esos parásitos que viven fuera del cerdo y usualmente sobre o en la piel. Algunos de éstos, piojos y garrapatas, pueden verse fácilmente pero los ácaros de sarna son microscópicos. Su presencia se detecta por una irritación grave de la piel. Causan problemas por la irritación grave de la piel que puede provocar infecciones cutáneas al entrar bacterias por la piel rota. Pueden propagar bacterias de un animal a otro y ser portadores de un parásito sanguíneo de tipo malaria. Las garrapatas y los piojos son chupadores de sangre y contribuyen a problemas de anemia. Todos contribuyen al raquitismo y a la mala salud.

1. Los piojos (Hermatopinus suis) son el problema de insectos notado con mayor frecuencia en los cerdos. Se encuentran usualmente alrededor de la cabeza, el cuello y entre las patas. Los adultos miden de 3 a 8 mm de largo, son de color negro-grisáceo y se pueden ver fácilmente en los cerdos blancos, pero no tan fácilmente en los cerdos negros. Los cerdos con piojos son inquietos y se rascan mucho. La piel puede estar irritada. Los cerdos afectados por lo general no son económicos.

Los adultos ponen huevos en los mismos cerdos, el ciclo de vida se repite al nacer el piojo y desarrollarse hasta la madurez. Pueden propagarse a otro cerdo mientras están acostados lado a lado, o cuando el cerdo se rasca contra un poste o pared desde donde luego se montan a otro cerdo.

El tratamiento incluye asperjarlos, bañarlos, espolvorearlos o enjuagarlos con químicos insecticidas aprobados para uso en los cerdos. El tratamiento debe repetirse a las 2-3 semanas. Ésta es una de las prácticas de manejo requerida con más frecuencia en la crianza de cerdos saludables. Al final de esta sección hay una tabla de insecticidas aprobados para cerdos.

2. La sarna es una infección de la piel causada por ácaros de dos especies: Sarcoptes y Demodectes. Son demasiado pequeños para detectarlos sin lente de aumento. Se entierran en la piel, casi siempre alrededor de la cabeza, el cuello y los hombros y causan una irritación severa. Primero se notan alrededor de las orejas, luego sobre la cara, el cuello y otras partes del cuerpo. La severa irritación y el rascarse que la sarna ocasiona generalmente lleva a una infección en la piel y a que el cerdo sea raquítico y enfermo.

Los ácaros viven toda su vida sobre el cerdo. El ciclo de vida se repite en la piel. Pueden propagarse a otros cerdos por contacto directo o por rascarse contra un poste o pared desde donde después se montan en otros cerdos.

El tratamiento es difícil porque los ácaros están dentro de la piel. Hay que asperjarlos o darles un baño que debe repetirse a los 10-15 días. Los insecticidas que matan los ácaros de la sarna y son aptos para cerdos están listados al final de esta sección.

3. Las garrapatas de varias especies afectan a los cerdos. Las garrapatas que se encuentran comúnmente en las vacas, ovejas, perros y animales salvajes pueden afectar a los cerdos. Las garrapatas no pasan todo su ciclo de vida en un animal. En diversas etapas de su ciclo de vida, caen sobre arbustos o árboles pequeños y después se pegan a otro animal. Esto hace que sean importantes en la propagación de enfermedades. Son chupasangre y causan irritación en la piel.

PRODUCTOS (INSECTICIDAS) PARA EL TRATAMIENTO DE PARÁSITOS EXTERNOS EN LOS CERDOS

PESTICIDA	Días mínimos para aplicar antes del carneo	Método, Cantidad y Frecuecia
INSECTO: MOSCAS MOLESTAS, CUCARACHAS, ETC.		
ciflutrín	0	ESPRAY: Aplicar 8-16 ml de Tempo 2/92,9 m2 suficiente agua para cubrir pero no para dejar que gotee, para aplicación sobre las superficies o 8-16 ml de Tempo 2/3,9 L de agua para grietas/hendiduras. Se puede volver a aplicar en intervalos de 10 días.

OBSERVACIONES: No haga aplicaciones de Tempo 2 cuando los animales están en el lugar. Dejar secar antes de que vuelvan a ocuparlo. Mantener fuera del alimento y agua.

permetrín

POUNCE 25 PW 0 — ESPRAY: Mezclar 170,3g/41,6 L ó 118 ml/11,4 L (8 cucharadas rasas /3 L) de agua.
Aplicar 3,8 l/69,75 m2 de superficie.

Observaciones: No aplicar directamente a los animales. No contaminar el alimento o el agua.

INSECTO: PIOJOS, MOSCAS*

coumafos 0 — ESPRAY 0,125%: Mezclar 1,9 L EC/378,5 l WP. Aplicar hasta que el animal esté empapado.

CO-RAL 11, 6% EC y 25% PW

Observaciones: Siga con cuidado las indicaciones de la etiqueta.

CO-RAL 1% polvo 0 — ESPOLVOREO A MANO: Aplicar 28,4g/animal según sea necesario pero no más de una vez cada diez días. Aplicar 56,75 g/2,7 m2 de cama (no más de una vez cada diez días)

tetreachlorivinfos 0 — ESPRAY 0,5%: Mezclar 1,8 kg/189,25 L de agua y aplicar ,95-1,9 L de preparación diluida para fumigar por cabeza.

RABON 50%PW

OBSERVACIONES: Repetir en 2 semanas si fuere necesario.

RABON 3% POLVO 0 — ESPOLVOREO A MANO: Aplicar 85,2-113,5 g de polvo a cada animal o aplicar a las camas 454g polvo/13,9 m2.

Observaciones: No repita más que una vez cada 14 días.

fentión 14 — TRATAMIENTO LOMO: Listo para usar. 14,8 g/45,4 kg de peso corporal.

TIGUVON SOLUCI N AL 3% — 45,4 kg de peso corporal.

Observaciones: Se puede tratar a las cerdas lactantes para reducir los piojos en los mamones.

* Incluye moscas comunes, otras moscas molestas que se pegan o crían alrededor de galpones porcinos, etc. Para más información vea Control de moscas bajo "Galpones de vacas de matadero, terrenos donde se alimentan y control de moscas de aves de corral".

INSECTO: PIOJO, SARNA

lindane EC (6,5-20%) o 25%PW3	0	SPRAY 0,05%: Mezclar según las indicaciones de la etiqueta. Empapar bien al animal. No aplicar a cerdas preñadas.

Observaciones: Repetir el tratamiento en 2-3 semanas si fuere necesario.

ÓLEO PARA CERDOS:		0,25% de solución de óleo. Mezclar siguiendo las indicaciones de la etiqueta. No aplicar a cerdas preñadas.

Observaciones: No exponer a animales menores de 3 meses

fenvalerate ECTRIN 10% WDL	1	SPRAY 0,05%: Mezclar ,95 l/189,25 L agua o 28,37 g 15,7 L agua. Aplicar hasta 227 g/animal directamente a las áreas fuertemente infestadas.
Fosmet	1	
PROLATE, DEL-PHOS (11,6%)		SPRAY 0,125: Mezclar ,95 L/,95 L debería alcanzar para 100 animales.
1% POLVO		ESPOLVOREO A MANO: 14,2-28,4g/animal.

Observaciones: Repetir a los 14 días si fuere necesario.

INSECTO: PIOJO, SARNA (Cont.)

permetrín	5	SPRAY 0,025%: Mezclar ,95 L 5,7% EC/189 L agua
ECTIBAN 5,7%EC		Asperjar bien todo el animal dando particular atención a las orejas y a la cabeza. Asperjar también el área del redil.
ATROBAN.EXPAR	5	Mezclar: 47 L 11% Ec/189 L agua. Aplicar igual que lo anterior.
PERIVIECTRIN 11% EC		

Observaciones: Igual que la anterior

ECTIBAN D	5	ESPOLVOREO A MANO: Aplicar 28,4 g/animal.
PERMECTRIN (0,25% polvo)		

Observaciones: Para piojos solamente. Aplicar un segundo tratamiento a los 14 días.

INSECTO: SARNA

amitraz		ESPRAY 0,125%: Mezclar ,47L/95 L agua o 59ml/11,4 L agua. Asperjar

TAKTIC		12,5% animales, paredes, piso con un rocío denso. Remojar: Usar la misma mezcla anterior para remojar los lechones

Observaciones: Repetir el tratamiento a los 7-10 días si fuere necesario. Fumigar verracos cada 2-3 meses.

Ivermectin?? 1% (IVOMEQ inyectable)	18	Inyección subcutánea 1mL(cc)/34 kg peso corporal

---

INSECTO: GUSANOS* EN HERIDAS

lindane ungüento 3% o aerosol 3%	0	UNTAR O ROCIAR: Aplicar a la herida según sea necesario. No aplicar a cerdas preñadas.
coumafos CO-RAL polvo 1-5%	0	ENVASE PARA ESPOLVOREAR: Aplicar a la herida según sea necesario, pero no más de una vez cada 10 días.
CO-RAL aerosol 3%		FUMIGACIÓN CON ESPUMA Igual que lo anterior.
clorpirifos de PURINA	0	ROCÍE EL LUGAR PRECISO: aerosol 2,5%

INSECTICIDA PARA HERIDAS
*Los gusanos pueden ser larvas secundarias de cochliomya hominivorax, moscardas negras u otras moscas carnívoras

Neguvon (triclorfón) Bayer polvo soluble al 97%

Para control de piojos y sarna
Usar como una solución al 0,15% (15 g por 10 L de agua)
Para aplicación externa (lavar o asperjar)
ADVERTENCIA: No usar en cerdas preñadas o verracos

DECTOMAX (doramectin) es un producto inyectable más reciente que es efectivo para combatir piojos y sarna al igual que parásitos internos. Se puede usar con mamones y cerdas preñadas.

PRECAUCION: Ver notas al final de la página 123 sobre precauciones para el uso seguro de estos insecticidas.

---

4. Larvas de la cochliomya hominivorax y otras larvas que infestan las heridas

Hay una cantidad de insectos a los que las heridas de los animales atraen. Estas moscas ponen huevos en las heridas abiertas de animales vivos, incluyendo las heridas de castración y a veces ponen sus huevos en el ombligo del recién nacido. Los huevos producen las larvas. Los más graves de éstos, (Callitroga hominovorax), destruyen los tejidos y causan que se desarrollen infecciones serias en la herida. Otros tipos de larvas en las heridas no son tan graves. Es buena idea prevenirlas en cualquier área donde se sabe que hubo larvas de cualquier tipo en heridas.

Lo siguiente ayuda a prevenir problemas de larvas de la cochliomya hominivorax.

a. Tratar todas las heridas notadas con un repelente de moscas que contenga un insecticida; hay muchos atomizadores y lociones que contienen estos productos.
b. Si éstos no se pueden conseguir, usar cualquier repelente de insectos disponibles, incluyendo remedios caseros. Haga todo lo posible para prevenir heridas. Prevenga la sarna y los piojos que hacen rascar y pueden generar una herida. No use alambre de púa.
c. Trate las heridas infectadas con productos insecticidas para matar las larvas y use antibióticos para tratar las heridas. En algunos casos, es necesario inyectar antibióticos.
d. Entierre o incinere los animales muertos.

C. Notas sobre uso de insecticidas para tratar el cerdo

1. Los insecticidas son drogas potencialmente peligrosas, mucho más que otras drogas usadas para animales. Siempre siga cuidadosamente las indicaciones, especialmente cuando tiene que mezclarlos o diluirlos.

2. Tenga especial cuidado al usar insecticidas para tratar a cerdas justo antes del parto y mientras amamantan su cría. Los lechones pueden ingerir el insecticida al amamantar. Esto puede causar problemas serios. Úselos con cuidado para tratar a mamones. Por lo general, los piojos son el único problema antes de las 5 semanas de edad. Los polvos no muy fuertes como Malation al 4-5% son los más seguros. Use otros únicamente si la etiqueta contiene indicaciones para mamones.

3. Precaución: Siga cuidadosamente las indicaciones de la etiqueta referentes al tiempo antes de la carneada en que se debe dejar de aplicar cada insecticida.

PRECAUCIÓN: NO USE NINGÚN PRODUCTO NO INDICADO NI APROBADO PARA USO PORCINO Y PARA LA EDAD Y ETAPA DE PREÑEZ O LACTANCIA

Precaución especial: Estos productos pueden ser muy peligrosos para los humanos si no se siguen las indicaciones cuidadosamente. Al usarlos, algunos pueden requerir el uso de máscaras, lentes protectores, guantes de goma, etc., para prevenir daños a humanos.

Un método práctico y económico que puede ayudar a prevenir y controlar los problemas de insectos en el ganado es el masajeador de lomos. A los animales que tienen piojos, garrapatas o sarna, les gusta rascarse y éste los atrae. El combustible diesel espeso o aceite nuevo para motor son aún mejores cuando se les agrega un insecticida aprobado, (siguiendo las indicaciones de la etiqueta) y se satura con ellos una arpillera. A continuación hay dibujos de un árbol envuelto en arpillera y un árbol usado para sostener una "guirnalda masajeadora".

Un poste puede sustituir al árbol, pero la sombra del árbol ayuda a atraer a los animales al masajeador.

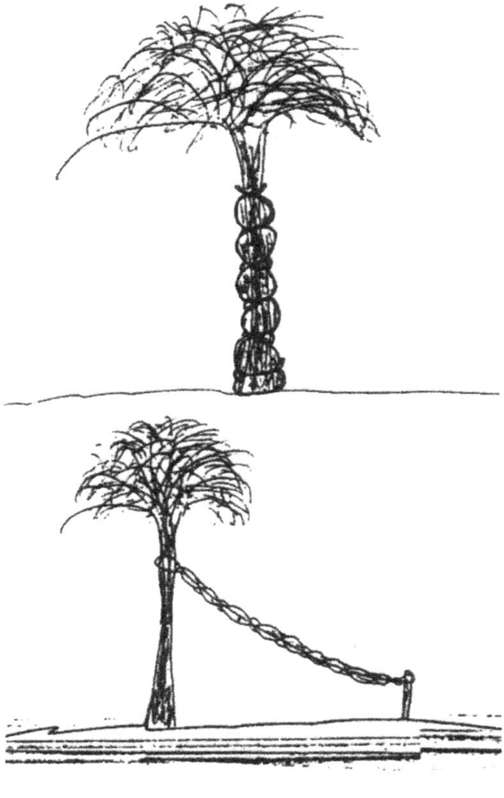

V. Enfermedades porcinas

No está dentro del alcance de este libro, ni tendría sentido, entrar en muchos detalles de todas las enfermedades porcinas. Serán más provechosas las partes anteriores de esta sección sobre problemas de salud que describen los problemas más comunes.

El diagnóstico de enfermedades importantes es difícil aun para veterinarios de experiencia que cuentan con la asistencia de un laboratorio. Los tratamientos son caros, los medicamentos muchas veces son difíciles de conseguir y los resultados son malos, con las consiguientes pérdidas por muerte y por raquitismo en los sobrevivientes.

La prevención de problemas de salud por medio de las ya mencionadas pautas ha de ser nuestra meta.

A. La cólera porcina (peste porcina) es una enfermedad muy contagiosa y muy fatal causada por un virus. Por lo general se la considera la peor enfermedad porcina del mundo. Aunque ha sido erradicada en algunos países, todavía sigue siendo un problema muy serio en muchas áreas.

Los animales afectados se detectan al principio por su falta de apetito debido a la fiebre alta. Poco después, se debilitan y deprimen. Muchos desarrollan diarrea. Le sigue la muerte en una alto porcentaje de los animales afectados. Los animales que se curan muchas veces son débiles y antieconómicos.

Esta enfermedad se puede propagar rápidamente a través de un área donde hay muchas granjas que tienen cerdos. Es buena idea tener a los animales cuidadosamente confinados para prevenir el contacto con otros cerdos. Mantenga a los cerdos alejados de corrientes de agua porque el virus puede desplazarse de granjas con cerdos enfermos.

Si se sabe que hay esta enfermedad en un área y los casos son frecuentes, sería aconsejable vacunar contra ella.

Si no ha sido diagnosticada, pero ocurre una enfermedad sospechosa, trate de conseguir ayuda para diagnosticarla. En la mayoría de los países se cuenta con veterinarios estatales o de universidades para ayudar en casos de brotes de enfermedades. Se les debe informar de casos sospechosos en el lugar.

B. La fiebre porcina africana es una enfermedad muy grave en el cerdo que, en muchos respectos, es similar a la cólera porcina. Se necesitan análisis de laboratorio para diferenciar entre las dos enfermedades.

Hasta hace 10-15 años esta enfermedad ocurría sólo en el continente africano. Ahora se ha extendido habiendo brotes en partes de Europa, América del Sur y el Caribe.

La demás información referente a cólera porcina se aplica aquí. Los casos sospechosos deben ser reportados a las autoridades veterinarias del estado.

C. La fiebre aftosa es una enfermedad muy seria en los cerdos al igual que en otros ganados. Es también muy contagiosa y se propaga rápidamente a través de un área. Como involucra a otros ganados, se propaga con mayor facilidad a través de un área.

La enfermedad por lo general no es difícil de diagnosticar. La combinación de vesículas (ampollas duras y gruesas) dentro y fuera de la boca, el hocico, los pies y las ubres sin duda llamará la atención. Más adelante estas lesiones se ponen coloradas y en carne viva al reventarse las ampollas.

Los animales cojean mucho y no quieren comer por el dolor en la boca.

Por lo general las pérdidas por mortandad no son grandes, pero el raquitismo y la mala salud en general en los sobrevivientes causa grandes pérdidas económicas para el granjero.

Hay vacunas y deben ser usadas en lo posible en las áreas donde hay brotes frecuentes. Los casos sospechosos deben ser reportados a las autoridades veterinarias.

D. Erisipela es una enfermedad bacteriana porcina mundial. Es considerada una de las principales enfermedades de los cerdos, pero no es tan contagiosa al propagarse por un área como las enfermedades virales anteriores.

Se manifiesta en dos formas. Una es muy fatal, que resulta en muertes dentro de 24-72 horas en los cerdos afectados. Los cerdos desarrollan una fiebre muy alta, coyunturas dolorosas e hinchadas, no quieren moverse pero, por lo general, siguen activos hasta acercarse a la muerte.

La otra forma se manifiesta en artritis crónica o áreas protuberantes rojizas de forma de diamante en la piel. Esta forma de erisipela causa raquitismo.

Hay vacunas y deben ser usadas en granjas que ya han tenido problemas. Con frecuencia recurre en la misma granja.

Como la brucelosis y leptospirosis, esta enfermedad puede propagarse a los humanos, principalmente por contaminación de cortaduras o heridas en las manos y los brazos. Se debe tener cuidado al trabajar con animales enfermos; deben usarse guantes de goma o por lo menos no dejar que ayuden personas con cortaduras y heridas. Después, hay que lavarse las manos.

E. La brucelosis (aborto infeccioso) es una importante enfermedad reproductiva porcina. Ocurre mundialmente. Es causada por una bacteria que afecta los órganos reproductivos de adultos machos y hembras.

Provoca una concepción mala, abortos tempranos y tardíos, cerdos débiles o nacidos muertos y camadas pequeñas. No es común detectar cuando los animales están enfermos. Por lo general se introduce en un hato por medio de animales infectados que se usan para servir que, a su vez, infectan a otros. Un macho infectado puede contagiar a las hembras, y la hembra infectada contagia a otros. Antes de comprar animales nuevos se les debe hacer un análisis de sangre.

Compartir verracos puede propagar la enfermedad. Se propaga dentro de un hato cuando las cerdas abortan o en el momento de parir.

El agente causativo de brucelosis porcina es brucella suis, ésta es una bacteria que causa la fiebre recurrente en el ser humano. Debe tenerse un cuidado especial al asistir en el momento del parto, en tiempos de concepción y durante abortos. El organismo se encuentra con frecuencia en secreciones y sangre de los órganos reproductivos de animales infectados.

De ser posible deben usarse guantes de goma y máscaras en partos, servicios o después de abortos o en la carneada. O, al menos, nadie con cortaduras en las manos debe asistir en estas ocasiones. Hay que lavarse siempre las manos y la cara después de ayudar.

F. Leptospirosis es otra enfermedad reproductiva causada por bacterias. Es mundial. Causa una amplia gama de problemas reproductivos similares a la brucelosis. Rara vez los animales parecen enfermos.

Hay variedades de estas bacterias en otros ganados, animales salvajes, perros y ratas. Todos estos pueden causar problemas en los cerdos. Esto dificulta su control. Puede infectar a humanos. Sea precavido cuando asiste en un parto difícil. Vea notas anteriores sobre cómo asistir en el parto y al final de la explicación sobre brucelosis.

El organismo se encuentra en los riñones y pasa del cuerpo a la orina. Puede propagarse a otros animales y humanos cuando la orina contamina los alimentos y el agua potable. Esto se aplica especialmente a casos en que los animales beben agua de lagunas o arroyuelos. Como en el caso de brucelosis, hay análisis de sangre por medio de los cuales se puede detectar la presencia de la enfermedad. Hay vacunas muy eficaces para prevenirla.

G. La viruela porcina es una enfermedad porcina mundial. Es causada por un virus. Se manifiesta con ampollas limpias en la piel, con más frecuencia entre las patas y debajo del abdomen. Las ampollas se transforman en áreas oscuras protuberantes que desaparecen dentro de los 7 a 10 días. Se da con más frecuencia en cerdos menores de tres meses.

Es raro que cause la muerte. No obstante, el virus baja la resistencia. En consecuencia los cerdos pueden enfermarse de pulmonía y diarrea.

H. Parvovirus es una enfermedad reproductiva porcina mundial. Es causada por una variedad de problemas reproductivos incluyendo abortos, cerdos que nacen muertos y fetos momificados. Es más un problema para la camada de primerizas y mucho menos problema en cerdas mayores.

No hay tratamientos. Pero hay vacunas que son efectivas. El contacto directo entre las primerizas y las cerdas mayores durante un periodo de 30-45 días antes del primer servicio a las primerizas, resulta en una exposición a los organismos de esta enfermedad en las cerdas mayores. Esto con frecuencia da como resultado algo de inmunidad contra el parvovirus. Esta práctica es efectiva contra otras enfermedades, especialmente las de los recién nacidos, por medio de anticuerpos en el calostro (primera leche)

I. SRRP (Síndrome reproductivo respiratorio porcino)

El síndrome reproductivo respiratorio porcino es causado por un arterivirus (virus RNA) que es transmitido por contacto con secreciones corporales como saliva, secreción nasal, fluidos mamarios, feces y orina de cerdos infectados. Después de la infección, el virus persiste en los tejidos linfáticos, provocando que sea muy difícil eliminarlo de los hatos. Aunque este virus generalmente no sobrevive durante mucho tiempo en el ambiente, puede sobrevivir en agua clorada. También se transmite por el semen. La transmisión por aire a largas distancias no se considera importante.

El SRRP, como su nombre lo indica, causa enfermedades reproductivas y respiratorias. Por lo general, las pérdidas reproductivas son en el último trimestre de la preñez. La hembra afectada usualmente pare prematuramente 4 a 5 días antes de lo normal. Las crías nacen vivas pero son demasiado inmaduras para sobrevivir. Algunos o todos los cerdos pueden nacer muertos. Los cerdos normales en la misma área de parición que las cerdas con crías afectadas, pueden desarrollar pulmonía inducida por este virus, con un alto índice de mortandad. Pueden darse abortos en otras etapas de preñez, y mortandad en cerdas y verracos. Los brotes en hatos grandes de cerdos pueden durar de 3 a 4 meses.

El virus del SRRP puede causar pulmonía en cerdos de cualquier edad. Los cerdos más jóvenes son afectados de más gravedad. Porque las defensas naturales de los pulmones quedan anuladas después de esta infección es usual que aparezcan casos de pulmonía causados por una vasta gama de bacterias o virus. El tratamiento con antibióticos como penicilina, tylosin, tetraciclina o ceftiofur puede ser temporalmente eficaz, pero muchos de los cerdos afectados tendrán una recaída y andarán mal o morirán. Colocar las indicaciones de cómo suministrar los antibióticos como NuFlor (lcc/30 libras peso corporal cada 48 horas para 2-4 inyecciones; suspender 45 días antes de la carneada) pueden ser eficaces en estos casos crónicos.

Las estrategias básicas para encarar el SPPR son: Tratar de mantenerlo fuera del hato que no tiene el virus, por medio de 60 días de aislamiento y hacerle análisis a nuevos cerdos que se introducen en el hato. Desarrollar inmunidad del hato a los tipos de virus en el hato y tratar de prevenir la introducción de otras variantes del virus por medio del aislamiento y análisis. Las vacunas autógenas de virus muertos, las vacunas de virus muertos que se pueden conseguir comercialmente (PRRomiS de Bayer —aprobada para vacunación de cerdas preñadas) y vacunas de virus vivos atenuados (RespPRRS/Repro, BI NOBL y Prime Pac PRRS, Schering Plough ambas aprobadas para vacunación preservicio de hembras y cerdos a [o después de] las 3 semanas de edad) para aumentar la inmunidad al virus. Para los hatos infectados, una práctica importante es comprar o agregar lechoncitas libres del virus (constatado por el análisis ELISA, preferentemente 2 análisis, el segundo 30-60 días después del primero) todavía mamonas, para dar suficiente tiempo para el desarrollo de inmunización protectora después de un aislamiento y exposición al virus del SPPR (como ser: vacunación). Además del análisis ELISA y otros análisis de anticuerpos, hay un análisis para analizar el semen del verraco (como ser: verracos para inseminación artificial) a fin de monitorear cuánto virus excreta.

J. La pseudorrabia (enfermedad de Aujesky) es una enfermedad viral que causa un elevado índice de mortandad en los mamones con encefalitis (inflamación del cerebro), problemas reproductivos ocasionales y, a veces, una condición tipo influenza en los cerdos en crecimiento-acabado.

No se creía que fuera un problema serio en los cerdos hasta los últimos años de la década de 1960. Se ha convertido en un problema importante en áreas con una alta densidad de cerdos con unidades de confinamiento grandes, principalmente en Europa y en los Estados Unidos. Ha sido reportada en otras regiones del mundo.

No existe tratamiento, pero hay vacunas y son muy usadas en regiones con brotes de la enfermedad. La prevención consiste principalmente en comprar animales de hatos sanos y hacerles análisis antes de la compra.

K. Nota: Existen muchas otras enfermedades porcinas, especialmente las de tipo enteritis diarrea, y enfermedades tipo pulmonía en diversas edades. Hay las que causan un alto índice de mortandad, y otras que principalmente causan raquitismo (crecimiento más lento), y mal aprovechamiento de los alimentos. Varían algo en distintas regiones del mundo.

Estas enfermedades pueden, en gran medida, ser prevenidas o su impacto puede reducirse si comprendemos y seguimos la información contenida en las Secciones VI y VII. Estas secciones tratan métodos de prevención de enfermedades y parásitos y prácticas de manejo. Éstos se encuentran dentro de la habilidad del pequeño granjero, y deben ser usados mucho más.

Sección VI

Un sistema básico de confinamiento

INTRODUCCION

Un sistema básico de confinamiento:

Al revisar este libro, sentimos que un capítulo sobre un sistema de confinamiento, por medio del cual se pudieran producir cerdos saludables, sería provechoso para algunas regiones.

El sistema descrito en este capítulo fue desarrollado en el transcurso de los últimos años y ha sido exitoso. Los doctores Maureen Birmingham y Rod Frank han trabajado extensamente con una cantidad de granjas usando este sistema. Han provisto gentilmente la información y los dibujos sobre los cuales se basa este capítulo. Les agradecemos sus excelentes ilustraciones gráficas.

A fin de continuar el bosquejo general del libro, enfocaremos consideraciones ambientales, edificios y equipo y manejo relacionados específicamente con este sistema. Otra información general sobre nutrición y salud del hato que ellos aportaron, que se aplica tanto a sistemas ausentes de confinamiento como de confinamiento fue incluida en capítulos anteriores sobre estos temas. Esto se hizo a fin de que el lector no tenga que leer demasiado para comprender el sistema.

Debe comprenderse que para que el sistema dé resultado, los puntos principales deben ser seguidos con cuidado. Los autores arribaron a sus recomendaciones sólo después de mucha experiencia y muchos cambios en sus pruebas anteriores. Eso no es decir que no pueda ser necesario o práctico hacer algunas adaptaciones en cada lugar. No obstante, en las primeras etapas, sería una buena idea seguir sus recomendaciones lo más rigurosamente posible. Luego, después de que uno ha adquirido algo de experiencia, estaría más capacitado para hacer cambios.

Aunque no es absolutamente necesario, sería muy recomendable que alguien involucrado en la operación: dueño, administrador, consejero, etc. haya tenido algo de experiencia en la producción de cerdos en confinamiento. De no ser así, debe intentarse al principio en una muy pequeña escala. Luego, si los resultados son buenos con la pequeña operación, puede expandirse. En algunos casos, sería un cambio posible para alguien que ha sido exitoso a través de los años en la cría sin confinamiento y que quiere expandirse en tamaño pero que, por muchas razones, cree que criar cerdos en confinamiento es algo que quiere o necesita hacer.

La razón principal para criar cerdos en confinamiento es la falta de terreno para el pastoreo de animales o el drenaje del terreno es demasiado malo para criar cerdos saludables. Aunque este capítulo es razonablemente completo, excepto por la salud y nutrición del hato, se recomienda que el que esté considerando un sistema de este tipo, o el que aconseja a otros, lea todo el libro para comprender mejor la producción de cerdos en general.

Consideraciones especiales en la producción de cerdos en confinamiento:

A. Ambiente: Los cerdos, por naturaleza, tienen un altamente desarrollado sentido de adaptación a los cambios del clima y los extremos de la naturaleza si se les deja que usen su propio instinto. Pero, en el confinamiento nosotros, en gran medida, interferimos con esos instintos naturales de cuidarse a sí mismos. En confinamiento tenemos que brindar alivio de las inclemencias extremas del tiempo. Las cerdas con crías tienen una gran habilidad maternal si se las deja usar sus instintos. En confinamiento, tenemos que proveerles alivio de los extremos y de los cambios del clima y proporcionar a los cerdos los medios para que estén cómodos

B. Condiciones sanitarias: Limpieza y remoción de excrementos: Los cerdos, por naturaleza, tienden a desparramarse (dispersarse) y por naturaleza no se quedan con frecuencia en un lugar con mucha suciedad, prefiriendo vivir en un lugar limpio. Las cerdas madres, de ser posible, se apartan para hacer sus camas y parir a donde no ha habido otros cerdos. Todos estos hábitos e instintos favorecen el que permanezcan saludables ya que no se quedan donde hay muchos gérmenes y huevos de lombrices. Los animales enfermos tienden a apartarse para estar solos, otra manera como la naturaleza protege de enfermedades a los animales . Si no brindamos buenas condiciones sanitarias para los animales, no seguirán siendo saludables por mucho tiempo.

C. Nutrición: Los cerdos, por naturaleza, pueden fácilmente cuidarse a sí mismos. Escarban la tierra buscando gusanos, raíces y comen nueces y bellotas y consumen tierra que contiene minerales. Regularmente consumen plantas verdes que contienen vitaminas. Si pueden conseguirlos, comen roedores y otros animales, incluyendo víboras y pájaros, todos los cuales contienen muchas proteínas. Los animales en confinamiento no tienen acceso a esas fuentes de alimentos. Esto hace que las consideraciones referentes a su nutrición (dieta) sean más críticas, ya que los cerdos en confinamiento no pueden balancear la ración que se les da con alimentos que ellos mismos pueden encontrar. Las crías nacidas en confinamiento con piso no tienen acceso a la tierra que contiene el hierro necesario para hacer sangre. Pronto se enferman de anemia (falta de sangre) y con frecuencia mueren, si no se les provee hierro de otra fuente. Esto se explicará bien más adelante en este capítulo.

En vista de las consideraciones presentadas, tenemos que proveer maneras de aliviar o prevenir esos problemas. Los que cuidan a los cerdos deben comprenderlos bien. Con ese fin, se explican en el resto de este capítulo.

INSTALACIONES-EDIFICIOS Y EQUIPO

Ubicación de la unidad de confinamiento hay varias consideraciones importantes al elegir la ubicación de la unidad:

1. Si es posible ubique los edificios donde hay buen drenaje natural, como en una ladera, o por lo menos en un bajada del terreno.

a) Si no hay drenaje natural alrededor de los edificios, puede ser necesario tener sanjas o alguna forma de drenaje artificial.

b) Es muy importante contar con una fuente de agua de la que se puede confiar, agua para tomar y para asear.

2. Los galpones para paritorios bien construidos tienen un techo empinado y una buena gradiente en el piso. Una buena regla general es una inclinación de 2,5 cm por cada 30 cm de largo del piso. Es importante que el piso de cemento no sea resbaloso para evitar que la cerda se lastime. Además, el piso no debe tener hendiduras, grietas ni agujeros donde puedan esconderse microbios y huevos de parásitos. Los techos de zinc son muy calientes, aunque menos propensos a tener goteras que los techos de paja. Algunos granjeros usan ambos: techo de paja debajo del techo de zinc, lo cual hace que el zinc caliente menos pero evita que haya goteras en el techo.

3. Paredes:

a) Cemento: Aunque las paredes de bloques son fuertes, son calientes porque no permiten suficiente ventilación, aun teniendo agujeros en los costados. Además, son difíciles de limpiar bien.

b) Madera: La madera puede dar buen resultado pero exige constante mantenimiento. La madera debe ser madera dura si no, la cerda no tardará en destruirla. Asegúrese de que la madera esté sujeta a la parte de adentro de los postes verticales. En los paritorios con los costados de madera, las cerdas y las crías escapan con más facilidad.

c) Alambrado de tela metálica: Esto puede dar buen resultado si la parte de abajo del alambrado está sujeto al piso con cemento. El alambrado de metal es lo suficientemente pesado. La parte de arriba debe ser reforzada con madera o hierro. El costo es un factor.

d) Hierro: Este material da major resultado porque: puede limpiarse bien, permite buena ventilación, es lo suficientemente seguro y fuerte para prevenir que los cerdos se escapen. El hierro no debe ser menos de 0,94 cm de diámetro. Para impedir que se escapen las crías, se puede soldar hierro de 0,625 cm alrededor de la base, para que los espacios sean más pequeños.

4. Los comederos y bebederos tienen que ser altos y angostos para impedir que los cerdos se paren o bañen en ellos (vea las especificaciones en el diagrama). Colocar el comedero en la parte alta del corral y el agua en la parte baja del corral parece reducir el desperdicio de alimento y mantener más limpio el corral porque los cerditos tienden a ensuciar con más frecuencia en la parte baja del corral, donde está mojado. Los comederos tienen que ser lo bastante fuerte para que la cerda no los pueda empujar de una lado a otro, voltearlos o destruirlos. Los comederos de cemento que se puedan mover son los deseables, porque cuando el corral se convierte en un corral de maternidad, el bebedero debe colocarse en la parte alta del corral. Se han probado otros tipos de comederos y bebederos. Las cerdas o destruyen o voltean los barriles que han sido cortados en dos transversalmente. Se han usado exitosamente barriles cortados a lo largo para las crías, excepto que tienden a meterse en ellos. Las llantas, a las que se han cortado agujeros bastante grandes como para que el cerdo meta el hocico, dan buenos resultados como bebederos para cerdos más pequeños. Son difíciles de limpiar y ocupan mucho espacio en el redil.

5. Si entra demasiado sol a la tarde o a la mañana en el chiquero, se pueden colgar esterillas o bolsas de arpillera de manera que bloqueen el sol pero que haya ventilación. Cuelgue las esterillas o bolsas bastante alto para que el aire pueda entrar a la altura de los cerdos.

6. El tamaño del redil varía pero en general no debe ser más pequeño que 2,1 x 2,4 m a fin de que haya lugar para el comedero enfrente de la cerda. Cuando el redil se convierte en un redil de maternidad, los rediles más pequeños que esto son difíciles de mantener limpios para una cerda y una camada grande.

7.Tres tipos de diseños se muestran para rediles de maternidad (vea los diagramas y fotos). Parece que más mamones son destetados usando el primer sistema.

8. Cercos: en la mayoría de las operaciones con confinamiento, algunos de los animales estarán en rediles sobre terrenos o en pasturas. Los cercos para estos rediles y pasturas se describieron en la Sección sobre edificios y equipos al comienzo de este libro.

MANEJO DE LOS DESHECHOS

La remoción de deshechos es una *necesidad absoluta* si va a criar cerdos sanos en confinamiento. Debe realizarse regularmente y realizarse bien.

1. Se construyen canales de cemento en la parte baja del chiquero. Las canales por lo general son de unos 30 cm de profundidad y unos 20 cm de ancho (el ancho de una pala). En chiqueros pequeños, los desechos son quitados *diariamente* y apilados cerca para ser usados más adelante como fertilizante o son llevados inmediatamente para ser usados como fertilizante en jardines. En zonas tropicales la bosta se composta rápidamente. En estos casos, el segundo método es preferible ya que se evita que se junten las moscas.

2. Otras granjas cavan pozos hondos para poner la bosta. Cuando se llena, se cava otro pozo. Este procedimiento no es aconsejable porque ultimadamente habrá limitaciones de espacio. Con esta práctica se desperdicia un buen recurso (fertilizante). Además, los pozos hondos que se han dejado abiertos representan un peligro para el desprevenido que se puede caer en ellos.

3. Si se usan los deshechos de los cerdos como fertilizante; trate de mezclar la materia fecal en la tierra antes de la siembra. No la ponga sobre plantas usadas para alimento humano ya que propaga gérmenes y huevos de lombrices.

4. Otra posibilidad es usar el agua servida para irrigar cultivos de alimento para cerdos. Esta agua no se debe echar sobre cultivos usados para consumo humano, ya que puede propagar gérmenes y huevos de lombrices.

El ramio es una planta fibrosa que en la actualidad se cultiva en algunas regiones como fuente de proteínas para cerdos. Puede ser cultivado cerca del redil, usando agua servida del redil para fertilizarlo. Bajo condiciones ideales, las hojas y los tallos pueden ser cosechados a los 3 meses de haberse plantado (antes de que dé flor). De allí en adelante puede ser cosechado cada 30-35 días, si recibe suficiente agua.

El ramio contiene aproximadamente 20% de proteínas y es también una buena fuente de vitamina A. Puede darse fresco pero puede ser ensilado y secado. Puede ser usado a un nivel de 40% de la dieta.

5. En algunos criaderos de cerdos, la bosta ha sido secada en forma de ladrillos para facilitar su manejo y transporte.

PRÁCTICAS DE SALUBRIDAD Y MANEJO

1. Algunos sistemas de confinamiento usan métodos de vacunación natural para proteger (inmunizar) contra organismos que causan abortos, como el parvovirus, el enterovirus y otros gérmenes. Las lechonas, antes de su primer servicio, son alimentadas con bosta (desechos fecales) de verracos y cerdas mayores. Un método es mezclar uno 60 ml (_ taza) de bosta en 1,9 L de agua y mezclar esto en el alimento de la lechona una vez por día durante tres días, unas 2-4 semanas antes de servirla. Algunos hacen esto rutinariamente. Puede haber circunstancias en que esto no sería recomendable por el peligro de propagar gérmenes indeseables. Este podría ser el caso donde hay otras enfermedades en el hato. Hay vacunas comerciales disponibles para muchos de los gérmenes que provocan abortos.

La leptospirosis, descrita en la sección sobre enfermedades, es una enfermedad renal que causa problemas reproductivos. Hay vacunas comerciales para prevenirla. Debería usarse en la mayoría de los hatos.

2. Lechonas: Servirlas cuando llegan a los 8 meses, 220 libras, y en su tercer día de celo. Si las lechonas son servidas cuando son demasiado pequeñas o demasiado jóvenes, pueden tener problemas con camadas pequeñas.

3. Las lechonas y cerdas son servidas mientras están en celo, cada 12 horas, temprano en la mañana y en el atardecer durante la parte más fresca del día. Esto ayuda a prevenir el sobrecalentamiento y los problemas que genera (como: esterilidad temporaria de los verracos). Es muy importante entrenar a las lechonas a ser llevadas por una soga, antes de servirlas, para que no se le agregue el estrés causado por hacerla caminar hasta el verraco cuando está lista para ser servida.

4. Las lechonas y cerdas deben mantenerse en buenas condiciones físicas durante el preembarazo no muy gordas ni muy flacas, para evitar problemas durante y después del parto. Lo ideal es poder palpar el espinazo pero no verlo. Si el espinazo sobresale, la cerda es demasiado flaca. Si ni siquiera se le puede palpar el espinazo, es demasiado gorda.

5. Algunos granjeros mantienen todo el tiempo a sus cerdas sobre pisos de cemento. Otros las tienen en la tierra durante toda la gestación y en rediles con piso de cemento durante la lactancia. Este último sistema da buenos resultados, siempre y cuando las cerdas reciban regularmente tratamiento para combatir las lombrices. Ayuda a preservar sus patas y pezuñas, les da más ejercicio (si están sueltas en el redil) y, por lo tanto, sufren menos estrés.

6. Algunos recomiendan que los cerdos jóvenes estén en pisos de cemento porque hay un incremento de incidencias y gravedad de sarna, parasitismo y falta de economía en general si se cría a los cerdos jóvenes en la tierra.

7. Para aliviar el estrés por falta de agua algunos granjeros llenan pozos de agua y permiten que las cerdas en gestación se revuelquen en ellos. Esta práctica es algo controversial porque el barro es una fuente de gérmenes y huevos de lombrices. No obstante, pueden ser necesarios para prevenir estrés por el calor. Si son muy playos, de 10-15 cm de profundidad, y se alternan regularmente a fin de dejarlos que se sequen, pueden ser utilizados satisfactoriamente. Las cerdas deben permanecer en un buen programa de tratamiento para combatir las lombrices. Las cerdas lactantes con mamones no deben usar los pozos para revolcarse.

8. Es importante hacer que las cerdas y lechonas estén tranquilas, para reducir el estrés del confinamiento y el estrés por el aumento de contacto humano cuando las cerdas/lechonas están confinadas en jaulas de maternidad. Todo este estrés puede aumentar los problemas de lactancia en el momento de parir. En general, "más tranquilidad = más lechones destetados".

9. Muchos granjeros usan un método de vacunación natural contra E.coli y otros organismos presentes en la mayoría de los hatos. Con frecuencia causan diarrea (disentería) en las crías. A las cerdas en gestación se les da de comer intestinos cortados en trozos de lechoncitos que murieron de diarrea o se las alimenta con bosta de vacas lactantes (dado que las cerdas lactantes están más estresadas y, por lo tanto, es más probable que sean las que los excretan). Esto se hace dos veces (preferentemente 3 y 6 semanas) antes del parto. Esta práctica no deja de tener sus riesgos. Estas vacunas naturales pueden usarse en lugares donde no hay refrigeración o donde no se consiguen vacunas, y donde la diarrea en las crías es un problema. Es fácil para el granjero. Nota: No recomendamos esta práctica donde se sabe que existe un problema con clostridia o coccidia en la granja.

(Vea más adelante en esta sección notas sobre coccidia.)

Algunos hacen esto como cuestión de rutina. Otros lo hacen sólo si hay problemas. Con la mejor salubridad-remoción de desechos posible esto puede no ser necesario. Hay vacunas comerciales para estas diarreas de los mamones.

10. De 5 a 10 días antes del parto se lavan y enjuagan los rediles de maternidad con cloro en una solución de una parte de cloro por 10 partes de agua. Tenga presente que el cloro no es efectivo para materia orgánica. Las cerdas son bañadas con jabón y agua, tratadas para combatir lombrices y colocadas en los rediles de maternidad. Las cerdas que no son mansas o que se estresan fácilmente son colocadas en los rediles de maternidad antes que esto. Como se les restringe súbitamente el ejercicio, pueden constiparse. Esto puede aumentar la posibilidad de problemas de lactancia. Verduras y frutas del lugar, como papaya o 7,5-15 ml de sal de higuera (sulfato de magnesia) por día en el alimento puede ayudar a ablandar la bosta. Es provechoso para las cerdas hacerles hacer ejercicio diariamente.

11. El parto debe ser atendido y, durante el parto, el granjero debe hacer cinco cosas:

a) **Respiración:** Limpiar de fluidos la boca y el hocico del recién nacido y pasarle una toalla hasta secarlo, puede ayudar a estimular la respiración.

b) **Colmillos:** Cortar los colmillos pero no las encías. Con frecuencia los granjeros desinfectan el sitio donde se cortaron los colmillos. Se debe proceder con cautela en cuanto a qué desinfectante se usa y en qué concentración. Se han perdido camadas enteras por usar una solución concentrada de amoniaco cuaternario con este propósito. La mayoría de los granjeros usan corta uñas porque se pueden conseguir y son relativamente baratos. Cuando no se cortan los colmillos, hay un aumento de enfermedad porcina grasosa, abscesos en las mamas y mastitis.

c) **El cordón umbilical** se corta con un cuchillo desinfectado. Luego se desinfecta el cordón. Si el extremo cortado sangra más que unos minutos debe ser atado con un trozo de hilo o lienza de pescar desinfectado.

d) **Calostro** (primera leche): Es extremadamente importante porque la inmunización (protección contra enfermedades) del cerdo recién nacido proviene de los anticuerpos en esta primera leche. Debe hacerse todo lo posible para asegurar que, en sus primeros días, el recién nacido amamante regularmente. El cerdo recién nacido recibe energía en forma de lactosa (azúcar de leche) del calostro. Si no consume cantidades adecuadas de calostro, el recién nacido tiene poca probabilidad de sobrevivir.

e) Limpiar, calentar y secar: Los recién nacidos no pueden regular bien la temperatura del cuerpo. Deben mantenerse limpios, calentitos y secos a fin de sobrevivir.

12. Los recién nacidos deben ser mantenidos dentro de una temperatura de 27-32 grados centígrados. ¡Deben estar aislados del piso frío! Los granjeros con frecuencia usan paja o pasto para hacer un nido en el rincón del redil. Las canastas con paja en su interior han dado buenos resultados. Porque por lo general son baratas pueden ser descartadas entre camadas. Para enseñarles a los lechoncitos que esa es su casa, las canastas deben ser mantenidas verticalmente estando la camada adentro por cortos períodos durante los primeros dos días. Después de eso, las canastas se dejan de costado para que los lechoncitos puedan entrar y salir solos. Hay granjeros que han usado cajas o tablas de madera clavadas transversalmente en un rincón del redil poniendo paja adentro. Una desventaja de las cajas de madera es que son difíciles de desinfectar. Para que este sistema dé resultado, el criador debe ser cuidadoso y responsable. Durante los primeros 2 días, cuando las canastas o cajas están perpendiculares, o cuando los lechoncitos están confinados en un rincón, éstos deben ser sacados cada hora para amamantar, de otra manera desarrollan enseguida hipoglucemia (deficiencia de azúcar en la sangre) y la producción de leche en la cerda disminuye. Para tener más calor se han usado, con éxito limitado, fogones de carbón y rocas calentadas. Algunos criadores de cerdos, en regiones donde hace bastante frío, cuelgan lámparas de queroseno. Tenga en cuenta que con estos procedimientos hay peligro de incendios, especialmente si el techo es de paja. Si los mamones tienen un nido de paja que está limpio (es decir: cambiado con frecuencia) y seco, andan muy bien. Las lámparas eléctricas dan buen resultado como fuente de calor.

13. Las cerdas sobrecalentadas son un problema en el confinamiento. Tener sombra y buena ventilación es imprescindible cuando las cerdas están de parto o lactando a sus crías. Pueden ser bañadas en agua. Trate de no mojar el piso lo cual puede ser un problema para las crías. Los chiqueros hechos de bloques, aun con pocos bloques en las paredes, son demasiado calurosos debido a la falta de ventilación. Son difíciles de limpiar.

14. Anemia de los lechoncitos (falta de sangre) debe ser prevenida si las cerdas paren en rediles con piso; de otra manera los recién nacidos morirán o tendrán muy mala salud. Los cerdos normalmente obtienen hierro, que es necesario para la formación de sangre, al comer tierra los primeros días de vida. En confinamiento, debe proveérseles hierro de otra fuente. Si no se consigue hierro, o si el granjero no quiere dar inyecciones, puede usarse tierra limpia (sin bosta de cerdo). El hierro en la tierra es usualmente de un tipo nutricionalmente disponible al cerdo. La tierra de color amarillo y rojizo, pesada y arcillosa tiene más hierro. La tierra arenosa más liviana usualmente tiene menos hierro. Pueden usarse soluciones de sulfato ferroso, si se puede conseguir. Mezcle una cucharadita de sulfato ferroso (30%) en 0,95 L de agua y rocíelo en un puñado de tierra con césped, mantenga este puñado de tierra en el redil fuera del alcance de la cerda. Si no se consigue hierro de otra fuente, puede usarse jugo de tomate. Tiene 4000 mg/kg de hierro en una base de una masa seca. Dele al lechoncito una cucharada por boca dos veces por semana las dos primeras semanas de vida, empezando el primer o segundo día de vida. Hay productos comerciales inyectables u orales que contienen hierro en una forma preparada específicamente para mamones. Pero no siempre se pueden conseguir. Vea también las notas sobre anemia en los mamones en la sección anterior sobre reproducción.

15. Para su décimo día de vida, los mamones tienen que haber empezado a comer comida gradual. De cinco a diez por ciento de leche en polvo, mezclada en el alimento, facilita el consumo de parte de los mamones. Si se cuenta con abundante leche de vaca o cabra o si es muy barata, puede ser usada. Es una manera de lograr que los cerdos jóvenes empiecen a comer alimento sólido. Mezcle pan o comida gradual en leche en cantidades cada vez mayores hasta que los cerdos estén comiendo bien. No deje que la comida y la leche se echen a perder; limpie los envases de comida diariamente. En la sección sobre nutrición, hay ejemplos de varias fórmulas de comida gradual.

16. Para las dos semanas de edad, los mamones tienen que haber sido castrados. Vea las notas anteriores sobre procedimientos de castración en la sección sobre manejo de mamones.

17. Los mamones con disentería bacteriana son tratados con electrolitos orales y antibióticos orales o inyectables (dependiendo de lo que se prefiera, de su disponibilidad y de las habilidades del granjero). El contenido del carozo de aguacate (palta) ha dado resultado como tratamiento para la disentería en los mamones. Tiene mal gusto, y debe ser mezclado con algo que induzca a consumirlo. La guava estriñe. Cuando la calidad del agua no es satisfactoria, puede agregarse tintura de yodo al agua potable, a razón de 5 ml (una cucharadita por 19 L o 45 ml (3 cucharadas) a 190 L.

18. Los lechones que están comiendo bien la comida gradual y pesan 7 kg, pueden ser destetados. Esto por lo general ocurre entre las 5-8 semanas de edad, si todo anda bien.

19. Las temperaturas cálidas favorecen la supervivencia de coccidia (parásitos unicelulares que causan disentería en los mamones). Muchos granjeros hacen que las cerdas tengan cría directamente en el piso. Si no quitan bien los desechos, esto significa que con frecuencia en el suelo donde están las crías habrá excrementos-bosta. La materia fecal puede contener coccidia, al igual que otros organismos que causan disentería en las crías. Es importante vaciar los rediles de maternidad, limpiarlos y desinfectarlos bien y dejarlos vacíos por lo menos 3 días. El coccidia es muy resistente a la mayoría de los factores ambientales. 0,24 L de amoníaco por 3,8 L de desinfectante, 0,12 L por 3,8 L o una solución en una proporción de 1 x 10 de cloro y agua son eficaces si se ha quitado de antemano toda materia orgánica (basura y excrementos). Llamear o limpiar al vapor es la medida más efectiva pero por lo general no es práctico bajo la mayoría de las condiciones de una granja pequeña.

Nota: Las medidas para controlar coccidia serían muy buenas para cualquier problema de enfermedad en el confinamiento, incluyendo disentería en los mamones.

20. La calidad de la dieta después del destete es muy importante. Al destetar pase gradualmente del alimento gradual a la ración posdestete. El alimento o agua con medicamento durante este tiempo estresante (sulfa, apralan, tetraciclina, ASP 250, etc.) puede ayudar a controlar la disentería después del destete y mejorar el aumento de peso. El sulfa es especialmente útil si coccidia es un problema.

21. Después de destetar a los mamones, es importante tener un espacio adecuado como comedero. Debe haber bastante espacio para comer de manera que todos los cerdos puedan alimentarse al mismo tiempo.

22. Los cerdos destetados necesitan un lugar limpio, calentito y seco para dormir. La limpieza es imprescindible en los rediles de destete.

Además, coloque algo de paja para aislarlos del piso frío de cemento.

NUTRICIÓN Y CONFINAMIENTO

Lo más importante para considerar en el confinamiento es que el animal en confinamiento no puede usar sus instintos naturales para balancear su dieta. Por esta razón, debemos suministrar al animal en confinamiento una ración balanceada. Probablemente los elementos nutritivos más descuidados en el confinamiento son las vitaminas. Se pueden suministrar fácilmente dando a los animales pastos verdes frescos diariamente o lo más frecuentemente posible. Hay que suministrarles minerales, ya sea en el alimento o solos. Esto tiene que hacerse porque los animales en confinamiento no tienen acceso a la tierra donde con frecuencia obtienen sus minerales. Hay muestras de fórmulas de raciones de alimento completo para animales de todas las edades en la sección sobre nutrición. Sería bueno que la persona que piensa tener una operación con confinamiento lea cuidadosamente dicha sección. .

Recuerde siempre que es importante suministrarles constantemente agua fresca. Si no cuentan con agua fresca para beber, los animales no comen ni crecen bien; tampoco pueden tolerar tan bien el estrés por el calor y tienen otros problemas. Vea también las notas sobre agua en la sección Nutrición.

PREVENCIÓN Y CONTROL DE PARÁSITOS EN EL CONFINAMIENTO

Bajo condiciones ideales de confinamiento, los parásitos quizá no sean un problema tan serio como el de los cerdos criados en la tierra. Aun así tenemos que considerar a los parásitos como un problema importante. No tener programas adecuados de control y prevención de parásitos internos y externos puede producir serios problemas de salud y de raquitismo. Para obtener los mejores resultados, debemos seguir la información en la sección sobre salud que cubre el control y prevención de parásitos.

A continuación de esta sección sobre confinamiento hay dibujos e ilustraciones de edificios y equipo.

(El material para esta sección sobre confinamiento fue adaptado de material suministrado por el Dr. Rod Frank y la Dra. Maureen Birmingham.)

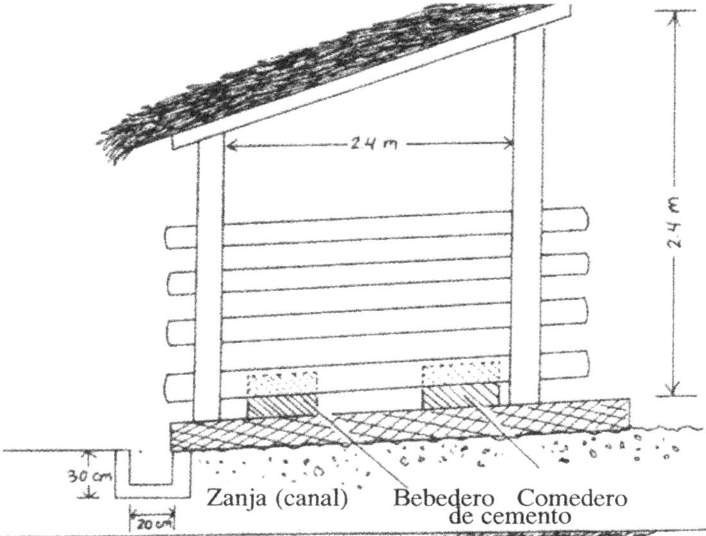
2.4 m
2.4 m
30 cm
20 cm
Zanja (canal)
Bebedero
Comedero
de cemento

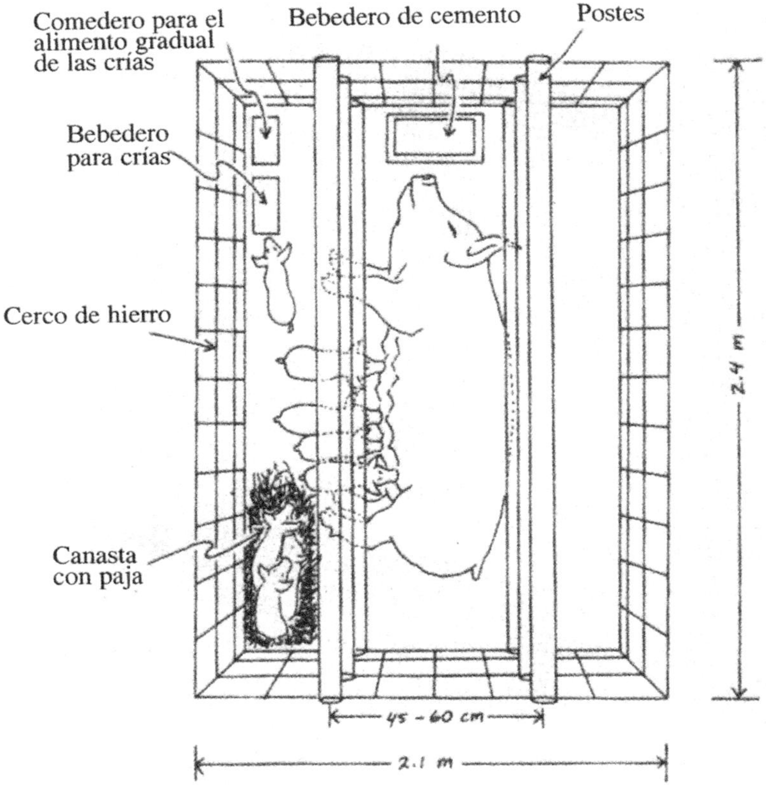

Sistema de maternidad 1

Paredes externas de hierro del redil para que los mamones no puedan escapar

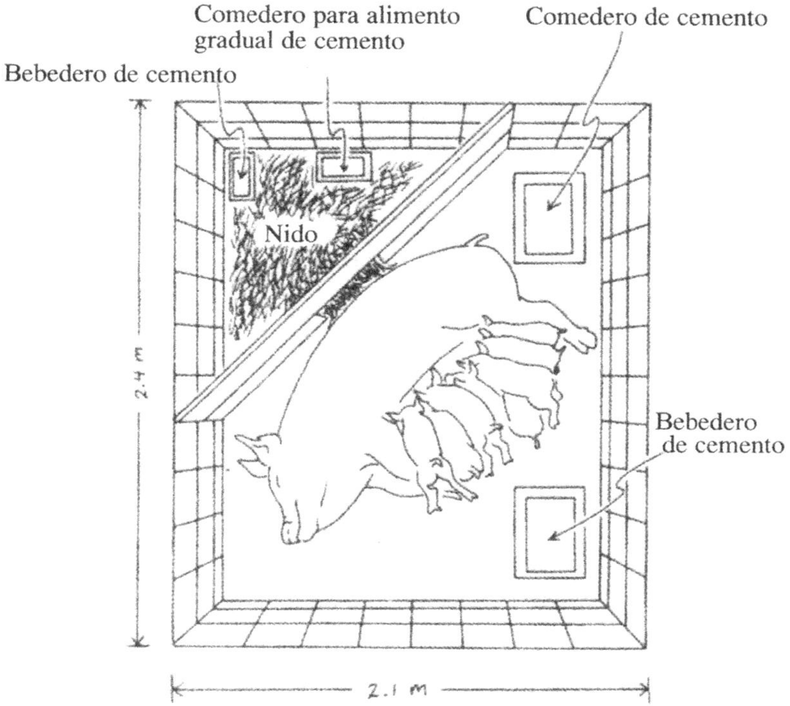

Sistema de maternidad 2

Sistema de maternidad 3

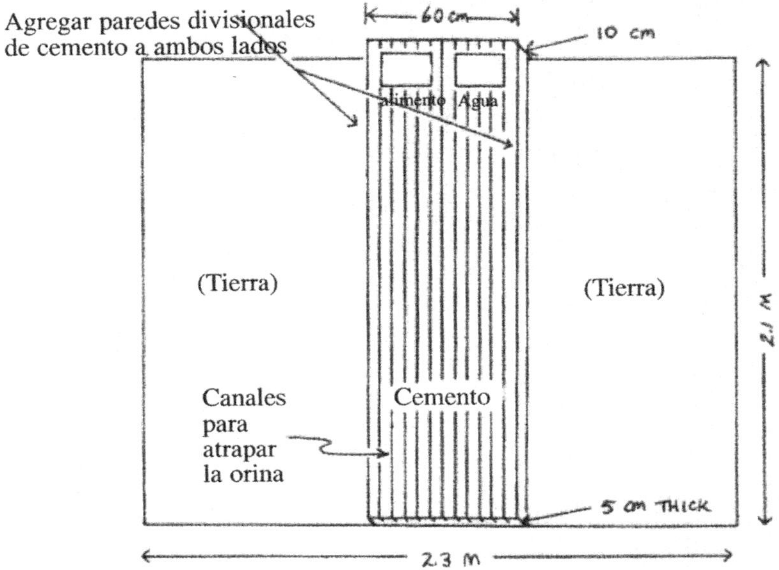

Lista de materiales:
2 bolsas de cemento (40,5 kgs)
10 baldes de grava (20 litros)
10 baldes de arena (20 litros)

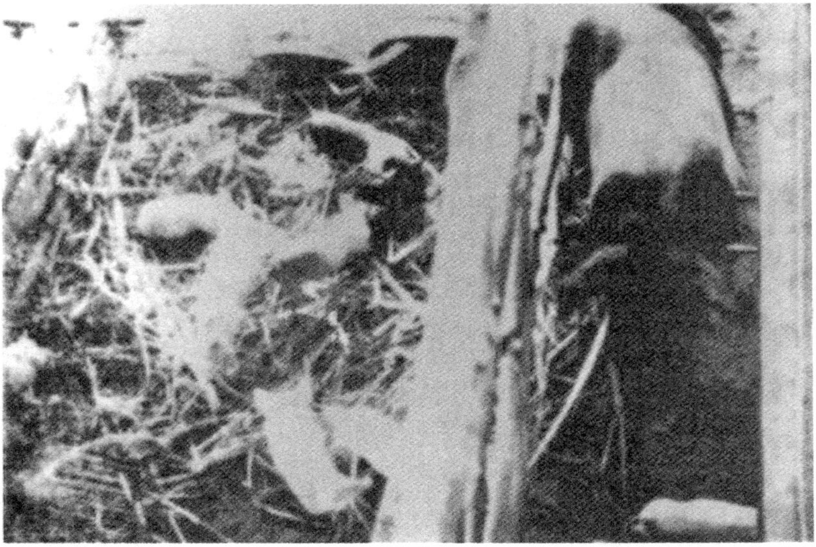

Comederos y bebederos exteriores

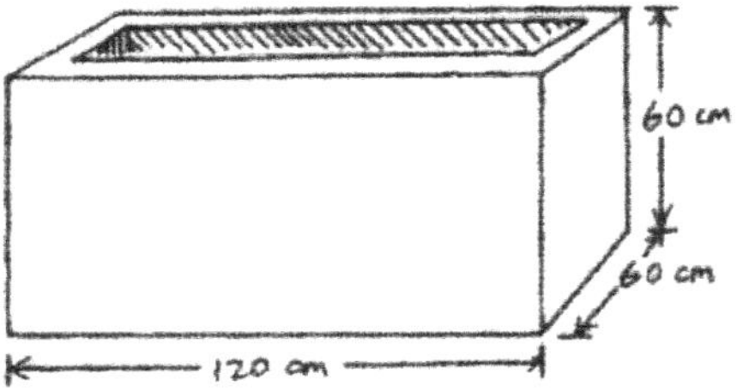

Comedero para alimento gradual

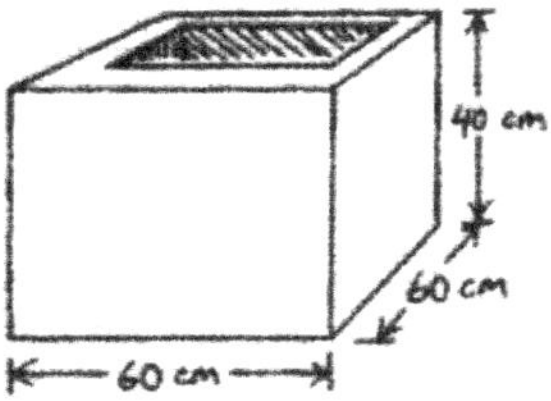

Bebedero para las crías

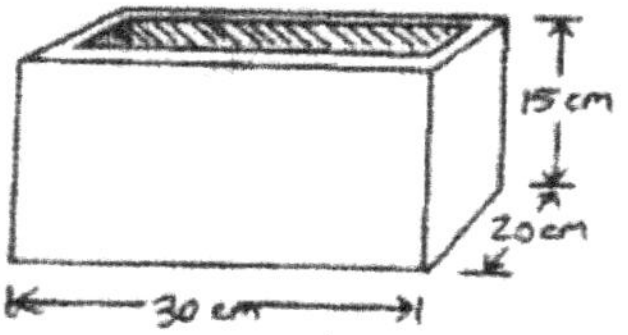

Sección VII

Cómo hacer consultas por correo sobre los problemas porcinos

Lo siguiente es un bosquejo general de la información que necesitamos.

1. Dónde está la granja

a) País
b) Región del país estado o provincia
c) Distancia y en qué dirección está desde la ciudad grande más próxima

2. Clima por estación

Ej. Invierno, diciembre-febrero. Fresco con fuertes lluvias diarias. El resto del año cálido y seco.

Dé temperaturas extremas por estación y cantidades de lluvia.

3. Descripción del área en que está la granja.

Ej. Meseta alta de montaña, escasa población.
Ej. Granjas pequeñas, área densamente poblada cerca de una ciudad grande.
Ej. Pradera con áreas bajas pantanosas cerca de arroyos.
Ej. Isla tropical con plantaciones de coco y caña de azúcar.

4. Descripción muy detallada de la granja

a. Terreno
Ej. Terreno bajo, no desmontado, con pequeñas cantidades de tierras de cultivo bien drenadas que se están cultivando.
Ej. Valle de alta montaña.
b. Total de hectáreas en la granja
c. Hectáreas dedicadas a cultivos
d. Liste los cultivos por temporada
e. Dimensión de terreno usada para cerdos
f. Dimensión de terreno usada para otros ganados
g. Cantidad de cerdos en la granja
Mamones
Animales en crecimiento
Hembras adultasCerdas madre
Machos adultos Verracos
h. Liste otros ganados y aves en la granja.
i. Describa métodos de confinamiento: atados, cercados, sueltos, etc.
j. Describa todos los edificios y cobertizos; edad y condición.
k. Distancia de la granja más próxima con cerdos.
i. ¿Los cerdos vecinos andan sueltos?

5. Prácticas de manejo

a. Limpieza buena, mala, regular, describa.
b. Nutrición en gran detalle.
qué alimentos se les da a cada grupo por edad.
cuánto de cada uno se da de comer.

variaciones por estaciones.
incluye minerales y sal.

c. Agua potable
Fuente pozo, arroyo, laguna
Cómo se suministra bebedero, etc.
d. Cómo se protege a los animales del tiempo extremadamente cálido y frío.
e. Liste prácticas y drogas para controlar lombrices e insectos: qué, cuándo, cuánto, cómo son usadas.
f. Vacunas usadas: qué, cuándo, cómo.
g. Edad de destete.
h. Los sobrevivientes están raquíticos, poco o mucho.
i. ¿Se ve afectada la reproducción? Describa.
j. ¿Se ve afectado el apetito? Describa cómo.
k. Temperatura corporal al estar enfermo.
l. Describa los síntomas dando muchos detalles.
m. Describa todos los tratamientos usados y sus resultados.

7. Cualquier otra observación.
Recuerde, ningún detalle es demasiado trivial como para no ser importante. No obstante, siéntase en libertad de consultarnos de cualquier forma que desee, y sobre cualquier tema del cual quiere obtener información con respecto a la producción porcina.

Christian Veterinary Mission
www.cvm.org

O escriba al autor, Dr. D.E. Goodman
info@cvm.org

Sección VIII

Reconocimientos

RECONOCIMIENTOS

El autor ha recibido información de muchos individuos y fuentes al preparar este libro. Está muy agradecido por la ayuda de cada uno. Si se ha omitido a alguien o a alguna fuente, ha sido accidentalmente y pedimos disculpas.

Reconocimientos especiales

Dr. Bruce Lawhon, veterinario en el programa de extensión de la facultad de Medicina Veterinaria de la Universidad de *Texas A and M*, por importantes contribuciones a esta edición revisada.

1. Sr. Carl Ackerman, Universidad de Clemson, Clemson, Carolina del Sur, por sus provechosos aportes y por corregir las pruebas.
2. Dr. Joseph H. Conrad, Universidad de Florida por la información sobre nutrición tropical.
3. Dr. Roger Henken, Universidad de Kentucky por la detalladísima información sobre nutrición.
4. Sr. C. H. McGowan, Instituto Tuskegee, Alabama por mucha información útil.
5. Dr. John R. Leahy, Oneonta, NY por el permiso de usar material del libro Restraint of Animals.
6. Dr. Rod Frank, Minneapolis, Minnesota por el material utilizado en la sección sobre confinamiento.
7. Dra. Maureen Birmingham antes en Haití, ahora en la Organización Mundial de Salud, Génova, Suiza por el material utilizado en la sección sobre confinamiento.
8. Dr. Gordon L. Coppoc y Sr. R. Kinsell, Universidad Purdue, por material usado en la sección sobre tratamientos básicos.
9. Sr. James Mc. Grann, actualmente en Panamá, por información.
10. Dr. Roger De Haan, Misión de Cristo, Colombia.
11. Dr. John G. Murray, Universidad Clemson, Carolina del Sur.
12. Jim Collier, Manchester, Georgia, por su ayuda general con el proyecto y por corregir la copia final.
13. Dr. David Reeves, Universidad de Georgia, Facultad de Medicina Veterinaria.
14. Dr. Ray Hines, Laboratorio de Diagnósticos Animales, Universidad Clemson.
15. Dr. John Albrecht, Facultad de Agricultura, Universidad Clemson

Fuentes de información

1. **Servicios de extensión agrícola de las siguientes universidades estatales:**
   A. Universidad Auburn, Alabama
   B. Universidad de California
   C. Universidad Clemson, Carolina del Sur
   D. Universidad de Florida
   E. Universidad de Hawai
   F. Universidad de Illinois
   G. Universidad estatal de Iowa
   H. Universidad de Kentucky
   I. Universidad estatal de Misssisippi
   J. Facultad estatal de Montana
   K. Universidad estatal de Carolina del Norte
   L. Universidad de Nebraska
   M. Universidad estatal de Dakota del Norte
   N. Universidad estatal de Pensilvania
   O. Universidad Purdue, Indiana
   P. Universidad estatal de Colorado
   Q. Instituto Tuskegee, Alabama
   R. Universidad de Tennessee
   S. Universidad estatal de Utah
   T. Instituto Politécnico de Virginia
   U. Universidad de Georgia
   V. Universidad estatal de Oklahoma

2. **Departamento de Agricultura de los Estados Unidos**

3. **Revistas sobre granjas y ganados**
   A. Hog and Farm Management
   B. National Hog Farmer
   C. Pig America

4. **Instituto Internacional de Investigación del Arroz** del Instituto Internacional de Reconstrucción Rural en las Filipinas.

5. **Sra. Billie Jones,** Columbia, Carolina del Sur, por su notable eficiencia al escribir a máquina las ediciones originales.

6. **Un agradecimiento especial a United Methodist Women** de la iglesia Pine Grave United Methodist, Turbeville, Carolina del Sur, por su generosa ayuda financiera en la preparación de la primera edición.

7. **Julie Griffin,** Turbeville, Carolina del Sur por las conversiones métricas.

8. **Nuestro agradecimiento a los siguientes** por su ayuda en hacer dibujos con dimensiones métricas:
A. Dr. Todo Cooney, Indiana
B. Shannon Smith, Virginia
C. Marion Bowser, Florida
D. Dr. Bill Robertson, California
E. Laurie Lang, Carolina del Norte

Descargo de responsabilidad:

Ni Christian Veterinary Mission, ni su personal,
ni los autores promueven las marcas
de los productos mencionados en este libro.

PESOS Y MEDIDAS

Longitudes

0,3937 pulgadas	=1 centímetro	
1 pulgada	=2,54 centímetros	
12 pulgadas	= 1 pie	= 0,3048 metros
3 pies	= 1 yarda	= 0,9144
39,37 pulgadas	= ,9144 metros	
5.280 pies	= 1 milla	=1.609 kilómetros

Áreas

1 acre	= 43.560 pies cuadrados	=0,405 hectáreas
4.840 yardas cuadradas	=0,405 hectáreas	
2,471 acres	= 1 hectárea	

Temperaturas

Para cambiar de centígrados a Fahrenheit multiplique 9/5 y añada 32

Para cambiar de Fahrenheit a centígrados reste 32 y multiplique por 5/9

Pesos

1 miligramo	= ,015 granos	
1 onza	=437,5 granos	= 28,350 gramos
1 libra	=453,592 gramos	
1.000 gramos	= 1 kilo	= 2,205 libras
2.000 libras	= 1 tonelada corta o neta	
2.204 libras	=1 tonelada métrica	
16 onzas	=1 pinta	= 0,473 litros
2 pintas	= 1/4 galón (EE.UU.)	= ,946 litros
1 cuarto de galón (EE.UU.)		= ,946 litros

Volúmenes

1000 mililitros	= 1 litro (L)	
1 mililitro	= 1 centímetro cúbico (cc)	
1 cucharadita	= 5 mililitros	= 1/3 cucharada
1 cucharada	=15 mililitros	= 1/2 onza
8 onzas	= 1 taza	

Acerca del autor

El autor de este libro, el Dr. Earl Goodman, se ha interesado toda su vida e involucrado personalmente en la producción y salubridad de ganado a pequeña escala. Ha vivido y trabajado en muchas regiones subdesarrolladas del mundo.

Ha dado conferencias en Facultades de Agronomía y Veterinaria y ha dado demostraciones en áreas rurales de esos países.

Ha tenido amplia experiencia personal en la producción porcina a pequeña escala y en la práctica veterinaria rural, al igual que en control de enfermedades y consultas sobre salubridad de los cerdos.

En la actualidad es Supervisor de Programas de Salubridad Animal en el Departamento de Salubridad de Ganado-Aves y en el Laboratorio Diagnóstico Animal de la Universidad Clemson.

Él y su familia viven en un pequeño pueblo en las planicies costeras de Carolina del Sur, Estados Unidos, y están involucrados en actividades granjeras, comunitarias y eclesiásticas.

Ha estado involucrado por mucho tiempo en la organización Christian Veterinary Mission, editores de este libro.

Misión Veterinaria Cristiana (Editor de este libro)

uestra visión

Es expresar el amor de Cristo a través de la medicina veterinaria.

uestra misión

Es animar, fortalecer, y facilitar a los médicos veterinarios a servir a los emás demostrando su fe cristiana a través de su profesión. MVC también frece capacitación y apoyo a los que desean ministrar a través del servi-io, la oración, las relaciones de amistad y a los que desean ser ejemplos el amor de Cristo.

lisión Veterinaria Cristiana

a MVC es una organización de servi-cio cristiano sin fines de lucro 501 :) (3) con sede en Seattle, Washington, EE.UU.

La MVC fue fundada en el 1976 por el Dr. Leroy Dorminy quien se dio uenta del impacto que los veterinarios tienen cuando integran su fe con ı práctica de la medicina veterinaria en circunstancias locales en E.UU. y en otras partes del mundo. En el 2008, la MVC tenía cerca de 0 vet-erinarios brindando servicio a largo plazo en varios países y más e 200 veterinarios y estudiantes de veterinaria brindando servicio omo volun-tarios en misiones de corto plazo. La MVC patrocina euniones de veteri-narios cristianos en más de 20 conferencias de eterinaria en EE.UU. La MVC también apoya a los estudiantes de eterinaria a través de su grupo Christian Veterinary Fellowship (CVF). ste grupo (CVF) está en todas las universidades de veterinaria en E.UU y brinda animo a los estudiantes en las áreas de crecimiento spiritual y desarrollo profesional.

Hay más de 3,500 veterinarios afiliados con MVC en los EE.UU. La MVC ambién está asociada con organizaciones y redes en otros países que rindan apoyo a los veterinarios cristianos. MVC tiene una junta directiva e veterinarios voluntarios quienes son los que guían la visión, misión y ɔs programas de la organización.

Los libros de la MVC y el boletín gratuito Salud Animal Internacional ueron escritos tomando en cuenta la situación de los pequeños granje-os, veterinarios y personal de desarrollo agrícola. Nuestro deseo es que stos libros ayuden a los individuos y a los grupos a desarrollar programas le crianza de animales que satisfagan las necesidades de la comunidad ɔcal. El Fondo de Dotación de MVC se creó en los primeros años de la rganización. Este fondo se usa para financiar los importantes programas ue no se podrían financiar dentro del proceso regular de presupuesto.

NOTAS